高职机械类
精品教材

液压与气压传动
实训指导

YEYA YU QIYA CHUANDONG
SHIXUN ZHIDAO

主　　编　丁响林

副 主 编　阚玉锦　赵　磊

编写人员　丁响林　赵　磊
　　　　　袁帮谊　阚玉锦

U0259006

中国科学技术大学出版社

内 容 简 介

本书为《液压与气压传动项目式教程》一书的配套实训教材,主要目的是通过实验、实训环节,使学生了解液压、气压元件的结构原理,液压及气压基本回路和典型液压、气压系统回路设计的基本知识。在实验过程中还安排了一些系统故障让学生进行分析排除,使学生初步掌握液压、气压系统故障排除方法和技能,为学生毕业后走上相关的实际工作岗位打下一定的理论与实践基础。

图书在版编目(CIP)数据

液压与气压传动实训指导/丁响林主编. —合肥:中国科学技术大学出版社,2019.2(2024.7重印)

ISBN 978-7-312-04590-5

Ⅰ. 液… Ⅱ.丁… Ⅲ. ① 液压传动—高等学校—教学参考资料 ② 气压传动—高等学校—教学参考资料 Ⅳ. ①TH137 ②TH138

中国版本图书馆 CIP 数据核字(2019)第 001145 号

出版	中国科学技术大学出版社
	安徽省合肥市金寨路 96 号,230026
	http://press.ustc.edu.cn
印刷	安徽国文彩印有限公司
发行	中国科学技术大学出版社
开本	787 mm×1092 mm 1/16
印张	10.25
字数	262 千
版次	2019 年 2 月第 1 版 2022 年 1 月修订
印次	2024 年 7 月第 3 次印刷
定价	28.00 元

前　　言

　　"液压与气压传动实验实训"课程是高等职业院校机械类专业的一门重要技术基础课程,其主要目的是通过实验、实训环节,使学生了解液压、气压元件的结构原理,液压及气压的基本回路和典型液压、气压系统回路设计的基本知识。液压元件是液压系统的重要组成部分,通过对液压元件的拆装实验,使学生对主要的液压元件的外观、内部结构,主要零件的形状、材料及其之间的配合要求等方面获得感性认识,进一步理解液压元件的结构及其在系统中的作用,达到验证、巩固学生课堂所学基本概念和基本理论,培养学生理论联系实际、分析问题和解决实际问题能力的目的。液压与气压系统的回路性能实验是验证、巩固和补充课堂讲授理论知识的必要环节,通过这部分实验,使学生加深对液压泵、溢流阀和节流调速回路性能的深刻认识;通过液压与气压基本回路的搭接,以及各种基本控制回路的实验,增强学生对基本理论的理解。在实验过程中,还安排了一些系统故障让学生进行分析排除,使学生初步掌握液压、气压系统的故障排除方法和技能。通过这些环节的训练,可以基本完成"液压与气压实验实训"课程的教学,为学生毕业后走上相关的实际工作岗位打下一定的理论与实践基础。

　　在编写过程中,丁响林老师负责全书的统稿及编写第 1 章、第 5 章、附录的内容,赵磊老师编写了第 4 章的内容,阐玉锦老师编写了第 2 章和第 3 章的内容,袁帮谊老师对全书进行了审阅。

　　由于时间仓促,加之我们的水平有限,书中难免存在错误,敬请读者给予批评指正。

作　者

目　　录

第1章 液压元件拆装实验

1.1 液压泵的拆装实验

一、实验目的

① 拆装液压泵各零件,观察零件的结构,了解各零件在液压泵中的作用。
② 熟悉各种液压泵的工作原理,按一定的步骤装配各类液压泵。

二、实验工具及元件

内六角扳手、固定扳手、螺丝刀、轴/孔用弹性挡圈钳等,拆装用液压泵。

三、实验原理及内容

液压泵是液压系统的动力元件,它是一种能量转换装置,将原动机的机械能转换成液体的压力能,为液压系统提供动力,是液压系统的重要组成部分。通过对液压泵的拆装,可加深对泵的结构及其工作原理的认识,初步了解液压泵主要零件的加工、装配技术要求,为以后从事相关维修工作打下良好的基础。

1. 齿轮泵

本实验采用 CB‑B10 型齿轮泵,其结构图、实物图及连接实物图分别如图 1.1、图 1.2 和图 1.3 所示。

CB‑B10 型齿轮泵上各标注的含义:

CB——齿轮泵。

B——2.5 MPa。

10——10 L/min。

(1) 工作原理

外啮合齿轮泵的工作原理和结构如图 1.1 所示。泵主要由主、从动齿轮,主动轴,泵体及侧板等主要零件构成。泵体内相互啮合的主、从动齿轮 6 和 7 与两端盖及泵体一起构成密封工作容积,齿轮的啮合点将左、右两腔隔开,形成了吸、压油腔。当齿轮按图示方向(箭头所示)旋转时,右侧吸油腔内的齿轮脱离啮合,密封工作腔容积不断增大,形成部分真空,

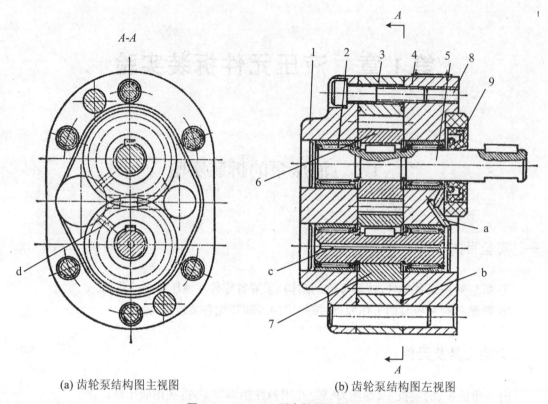

(a) 齿轮泵结构图主视图　　　　　　　　　(b) 齿轮泵结构图左视图

图 1.1　CB－B10 型齿轮泵结构图

1. 左泵盖；2. 滚针轴承；3. 泵体；4. 右泵盖；5. 主动轴；6、7. 齿轮；
8. 螺钉；9. 密封圈；a. 内孔；b. 密封垫圈；c. 齿轮轴内孔；d. 齿轮

图 1.2　CB－B10 型齿轮泵实物图

油液在大气压力作用下从油箱经吸油管进入吸油腔,并被旋转的齿轮带入左侧的压油腔。左侧压油腔内的轮齿不断进入啮合,使密封工作腔容积减小,油液受到挤压被排出系统。这就是齿轮泵的吸油和压油过程。在齿轮泵的啮合过程中,啮合点沿啮合线将吸油区和压油区分开。

（2）CB－B10 型齿轮泵的拆卸

CB－B10 型齿轮泵的拆卸流程实物图如图 1.4 所示,主动轴结构图如图 1.5 所示。

（3）齿轮泵拆装注意事项

① 无论有无相关元件结构图,拆装时均要记录元件及解体零件的拆卸顺序和方向。

② 对于拆卸下来的零件,尤其是泵体内的零件,要做到不落地、不划伤、不锈蚀等。

图 1.3　齿轮泵连接实物图

图 1.4　CB‐B10 型齿轮泵拆卸流程实物图

③ 在需要敲打某一零件时,请用铜棒垫在零件表面上进行传力,不能用铁锤或其他物件直接敲打零件表面。

④ 拆卸(或安装)一组螺钉时,用力要均匀,并且要注意对称拆卸(或装配)。

(4) 拆卸后对齿轮泵结构的认识

CB‐B10 型齿轮泵是低压泵,使用压力常在 2.5 MPa 以下。它在磨床等机床上的润滑系统、冷却系统中大量使用。

从外观上看,CB‐B10 型齿轮泵有两个油口:进油口、出油口。要能分辨进、出油口,同时还能判别齿轮的转向。理论上讲,齿轮泵是可以正反转的,但在实际应用中,只向一个方向转动。

从整体结构上看,泵主要由左泵盖 1、滚针轴承 2、泵体 3、右泵盖 4、主动轴 5、齿轮 6 和 7、螺钉 8、密封圈 9 等组成。其中,左、右泵盖,泵体在泵运行过程中是固定的,只有一对啮合的齿轮(轴)是旋转的。齿轮的宽度比泵体略宽,一般有 0.025～0.06 mm 的间隙,以保证齿轮的正常转动。两齿轮用平键分别固定在主、从动轴上,两轴的支撑安装在前、后端盖上的滚针轴承上。为防止油液泄漏到泵体外,应在前端盖上加工一个出泄油口,使泄漏的油液经

齿数z	8
横数m	5.5
压力角a	20°

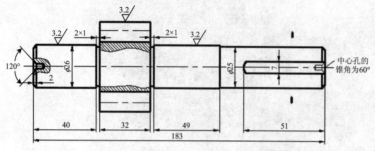

技术要求
1. 材料为4s钢,齿面处理硬度为HRC6s。
2. 未注倒角为C2-C3。

图 1.5　CB－B10 型齿轮泵的主动轴结构图

过它和空心从动轴流入油腔;齿轮端面泄漏的油液可由泵体的两侧端面上的泄油槽流入吸油腔。

两齿轮在装配时有轴向间隙,其合理的轴向间隙为泵体厚度大于齿轮厚度 0.02～0.03 mm,否则影响泵的运行,但彼此间隙又不能太大,否则影响容积效率。齿轮端面和泵盖之间有适当的间隙,一般小流量泵的间隙为 0.025～0.04 mm,大流量泵之间的间隙为0.04～0.06 mm。齿轮齿顶与泵体内表面的间隙(径向间隙),一般为 0.13～0.16 mm,由于齿顶油液泄露的方向与齿顶的运动方向相反,故径向间隙稍大一些(表 1.1)。

表 1.1　CB－B10 型齿轮泵合理的径向间隙

规　　格	CB－B2.5 CB－B2.5	CB－B16 CB－B32	CB－B40 CB－B63	CB－B80 CB－B125
径向间隙(mm)	0.10～0.16	0.13～0.16	0.14～0.18	0.15～0.20

(5) 齿轮泵相关参数的计算

两齿轮的厚度相差在 0.005 mm 以内。齿轮精度等级分为:中高压泵 6～7 级;中低压泵7～8 级。内孔、齿顶圆、两端面的粗糙度(Ra)为 0.4;齿轮材料为 40Cr,热处理为 C48;CB－B 齿轮泵齿轮模数一般取 2 mm、3 mm、4 mm、5 mm。

① 计算齿轮泵的排量:

$$V_p = 2\pi Z m^2 b \quad (单位:mm^3/r)$$

其中,m 为齿轮模数(mm);Z 为齿数;b 为齿轮的宽度(mm)。

用游标卡尺测量有关参数,并计算出该齿轮泵的排量:

$m =$ _____ ;$Z =$ _____ ;$b =$ _____ ;$V_p =$ _____ 。

② 观察端盖上的卸荷油槽的结构形式,CB－B10 齿轮泵卸荷油槽的形式为 _____ 。

③ 计算齿轮泵的流量:

$$q_p = 6.66Zm^2 b\, n_p\, \eta_{pv}$$

其中，n_p 为泵的转速；η_{pv} 为泵的容积效率，一般取 $0.75 \sim 0.80$。

$q_p =$ _____。

（6）CB－B10 型齿轮泵装配注意事项

① 装配时的顺序与拆卸的顺序相反，安装前要给元件去毛刺，以免不宜装配。

② 检查密封元件有无老化，如有，应及时更换。

③ 在装配传动轴与短轴时，位置不要装反。

④ 装配中间的泵体时，方向不要装反，有定位槽孔的零件要对准。

⑤ 装配结束后，检查有无漏装零件，然后手动运转泵观察有无异常情况。

⑥ 最后让实验指导教师检查。

CB－B10 型齿轮泵泵体容易装反，必须特别注意，装反时吸不上油，也容易将骨架油封冲翻；滚针轴承的滚针直径不能超过 0.003 mm，长度允差 0.1 mm，滚针须如数装满轴承座圈。

2. 叶片泵

叶片泵和其他液压泵相比，具有体积小、重量轻、运转平稳、输出流量均匀、噪声小等优点，但也存在结构复杂、对油液污染较敏感、吸入特性不太好等缺点。它在高压系统中得到了广泛使用，比如一些专用机床、自动线及高压的液压系统。按工作原理，叶片泵可分为单作用叶片泵和双作用叶片泵两大类。

本实验采用 YB10 型双作用叶片泵，其结构图如图 1.6 所示。

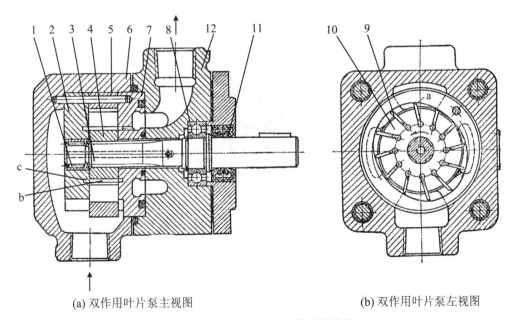

(a) 双作用叶片泵主视图　　　　　　　　(b) 双作用叶片泵左视图

图 1.6　YB10 型双作用叶片泵结构图

1、8. 轴承；2、7. 配油盘；3. 传动轴；4. 定子；5. 定位销；6. 后泵体；
9. 叶片；10. 转子；11. 密封圈；12. 前阀体；a. 叶片；b. 转子；c. 轴承

（1）工作原理

YB10 型双作用叶片泵的工作原理为：当传动轴 3 带动定子 4 转动时，装于转子叶片槽中的叶片在离心力和叶片底部压力油的作用下伸出,叶片顶部紧贴于定子表面,并沿着定子曲线滑动。叶片往定子的长轴方向运动时,叶片伸出,使得由定子5的内表面、配流盘2和7、转子和叶片所形成的密闭容腔不断扩大,通过配流盘上的配流窗口实现吸油。往短轴方向运动时,叶片缩进,密闭容腔不断缩小,通过配流盘上的配流窗口实现排油。转子旋转一周,叶片伸出和缩进两次。

（2）YB10型双作用叶片泵的拆卸

YB10型双作用叶片泵的拆卸流程图如图1.7所示,实物图如图1.8所示。

图1.7　YB10型双作用叶片泵拆卸流程实物图

图1.8　YB10型双作用叶片泵实物图

（3）YB10型双作用叶片泵拆装注意事项

① 无论有无相关元件结构图,拆装时均需要记录元件及解体零件的拆卸顺序和方向。

② 对于拆卸下来的零件,尤其是泵体内的零件,要做到不落地、不划伤、不锈蚀等。

③ 在需要敲打某一零件时,请用铜棒垫在零件表面上进行传力,不能用铁锤直接敲打零件表面。

④ 拆卸（或安装）一组螺钉时用力要均匀,并且要注意对称拆卸（或装配）。

（4）拆卸后对叶片泵结构的认识

YB10型叶片泵是中压泵,使用压力常在6.3 MPa以下。它在用量较大的中等功率设备的液压系统中使用。

　　从外观上看,YB10 型叶片泵有两个油口:进油口、出油口。要能分辨进、出油口。从整体结构上看,叶片泵主要由轴承 1 和 8、配油盘 2 和 7、传动轴 3、定子 4、定位销 5、后泵体 6、叶片 9、转子 10、密封圈 11、前阀体等组成。

　　叶片泵的主要结构为定子与转子,定子内侧由四段圆弧及四段过渡圆弧构成,其内表面的过渡曲面为等加速、等减速曲面。这种曲面所允许的定子的半径比(R/r)比其他类型的曲面大,可使泵结构紧凑、输油量增大;而且叶片由槽中伸出和缩回的速度变化均匀,不会造成硬性冲击。

　　叶片泵的转子实物图及结构图如图 1.9 所示,详细参数见图中的技术要求。

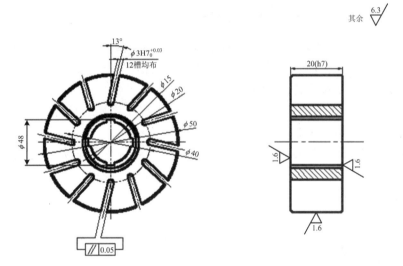

技术要求
1. $\phi15$ 与 $\phi20$ 的孔的同轴度误差为0.03 mm。
2. A面与B面的平行度误差为0.005 mm。
3. 花继孔的轴线对A面的垂直度误差为0.01 mm。
4. 热处理为C52(或渗碳处理)。
5. 材料为40Cr。
6. 未注倒角为C1—C2。

图 1.9　转子实物图(上图)及结构图(下图)

　　叶片泵的定子实物图及结构图如图 1.10 所示,详细参数见图中的技术要求。

　　叶片实物图及结构图如图 1.11 所示,详细参数见图中的技术要求。

　　叶片泵的轴承实物图及结构图如图 1.12 所示,详细参数见图中的技术要求。

　　定子的厚度应大于转子的厚度 0.03～0.04 mm,叶片的宽度应小于转子的厚度 0.005～0.01 mm,转子槽与叶片的配合间隙为 0.020～0.035 mm,需注意叶片在转子槽内的方向。

　　注意:在叶片泵定子和转子的轴向两侧各有一个配油盘 7(有的是配油盘与油泵外壳连

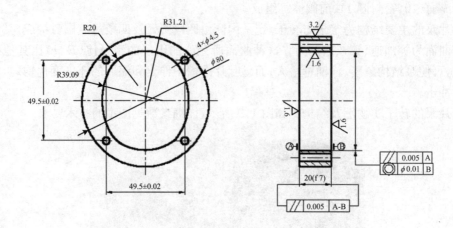

技术要求
1. 定子的材料为GCr15。
2. 表面热处理淬火HRC60。
3. 氮化层深度为0.35 mm。

图 1.10 定子实物图及结构图

成一体,如台湾朝田公司的叶片泵),且它们之间是通过定位销活动连接的,最终与泵壳体通过螺钉固定成整体。配油盘在轴向是可动的,在压力油口的作用下被压向转子,以此提高容积效率。两配油盘适时控制转子的进、排油,两配油盘上各开了两个圆弧形槽口,一个配油盘上为吸油槽口,另一个为压油槽口。在进行实验前,需了解叶片泵是如何吸油和压油的,以及掌握泵壳体上的吸油道和排油道所在位置。

　　配油盘与转子之间是有间隙的,靠浮动连接实现。配油盘与转子接触平面的平行度应在 0.01 mm 以内;配油盘端面与其内孔的垂直度应在 0.01 mm 以内;端面的表面粗糙度为 0.2 μm,平面度为 0.005 mm。

　　(5) 双作用叶片泵排量的计算

　　YB10 型叶片泵转子上的叶片槽一般向转子转动的方向倾斜 13°,称为前倾角 θ。这样可使压油腔处的叶片顶部所受定子作用力 F_n 增大,F_t 减小。F_n 增大有利于减小叶片所受的弯矩及叶片与转子槽的磨损。该泵的前泵体上有压油口,后泵体上有吸油口。在安装时,可根据实际需要,使两油口的相对位置成 90°、180°、270°,以便于使用。

　　YB10 型叶片泵是在 YB 型泵基础上的改进型,这种泵定子内表面吸油腔的过渡表面容易磨损,如果将其转子反装且反转,同时将定子相对于泵体转 90°,即可使泵反转使用,这样可使泵的使用寿命大为延长。注意:配油盘装配时不能装反。

　　双作用叶片泵的排量计算公式:

　　计叶片容积时,为

$$V = 2b\left[\pi(R^2 - r^2) - \frac{R - r}{\cos\theta}sz\right] \quad (单位:mm^3/r \text{ 或 } mL/r)$$

不计叶片容积时,为

$$V = 2\pi(R^2 - r^2)b \quad (单位:mm^3/r \text{ 或 } mL/r)$$

其中,R、r 分别为叶片泵定子内表面圆弧部分长、短半径,R = _____,r = _____;

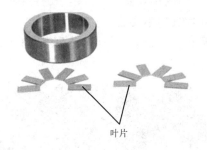

叶片

其余 $\sqrt{1.6}$

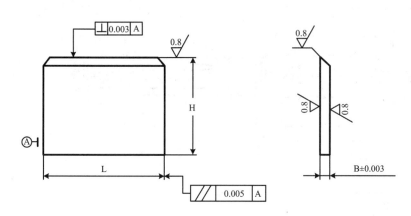

技术要求

1. 锐边去毛刺。

2. 叶片宽度与转子槽的配合间隙为0.020-0.035 mm。

3. 热处理为HRC63。

4. 未注倒角为C2-C3。

图 1.11　叶片实物及叶片结构图

z 为叶片数,$z=$ _____ ;b 为叶片宽度(mm),$b=$ _____ ;s 为叶片厚度(mm),$s=$ _____ ;θ 为叶片倾角(°),$\theta=$ _____ 。

实测参数并计算出泵的排量:

$V=$ _____ 。

本实验实训台中的叶片泵是 FA$_1$ - 08 - FR,其中 $R=23.1$ mm,$r=21$ mm,定子宽度 $b=15.8$ mm,叶片厚度 $s=1.48$ mm,$z=12$ 片,$\theta=13°$。将数据代入公式,有 $V=2b\left[\pi(R^2-r^2)-\dfrac{R-r}{\cos\theta}sz\right]=7.8989$ mL/r $=8$ mL/r。电机转速为 1420 r/min,容积效率为 0.9,泵的实际流量为 10 L/min。双作用叶片泵的叶片数为偶数,一般取 $8\sim12$ 片,常取 12 片,因为在这种状态下泵的流量较稳定。

(6) **YB10** 型双作用叶片泵装配注意事项

① 装配时的顺序与拆卸的顺序相反,安装前要给元件去毛刺,以免不宜装配。

② 检查密封元件有无老化,如有,应及时更换。

③ 在装上配油盘时,注意上面的销孔要与中间定子的销孔位置对齐。

④ 在装中间转子时注意叶片方向不要装反。

⑤ 装配结束后检查有无漏装零件,然后手动运转泵观察有无异常情况。

⑥ 最后让实验指导教师检查。

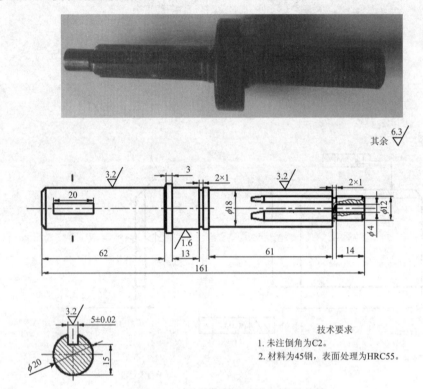

图 1.12　叶片泵轴承实物图及结构图

3. 轴向柱塞泵

轴向柱塞泵径向尺寸小,运动部件的转动惯性小,结构紧凑,密封性能好,工作压力高,在高压下的容积效率高,容易实现变量和变向。因此高压、大流量的工程机械、锻压机械、起重机械、矿山机械、冶金机械和要求重量轻和体积小的船舶、飞机的液压系统,大都采用轴向柱塞泵。

本实验采用的轴向柱塞泵为 10SCY14-1B 型轴向柱塞泵(手动变量)。其结构图及实物剖切图分别如图 1.13 和图 1.14 所示。

各型号柱塞泵的主要规格及技术参数如表 1.2 所示。

表 1.2　柱塞泵主要规格参数

规格型号	额定压力(MPa)	排量(mL/r)	额定转速(r/min)	重量(kg)
10SCY14-1B		10		20
25SCY14-1B	32	25	1500	37
63SCY14-1B		63		65

轴向柱塞泵的结构形式很多,按其配流方式,主要有端面配流和阀配流两种。端面配流的轴向柱塞泵又可分为斜盘式和斜轴式两大类。

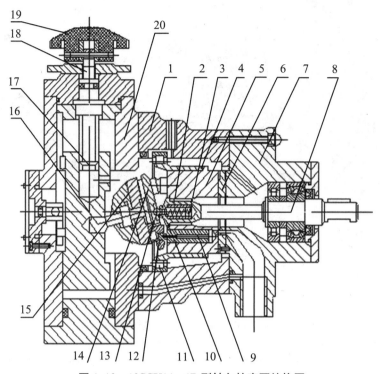

图 1.13　10SCY14 - 1B 型轴向柱塞泵结构图

1. 中间阀体;2. 内套;3. 弹簧;4. 钢套;5. 缸体;6. 配油盘;7. 前泵体;8. 传动轴;9. 柱塞;10. 外套;11. 轴承;12. 滑履;13. 钢珠;14. 回程盘;15. 斜盘;16. 销轴;17. 变量活塞;18. 丝杠;19. 手轮;20. 变量机构壳体

柱塞泵柱塞数不同时的脉动率如表 1.3 所示。

表 1.3　柱塞泵脉动系数

柱塞数 z	5	6	7	8	9	10	11	12
脉动率	4.98%	14%	2.53%	7.8%	1.53%	4.98%	1.02%	3.45%

从表 1.3 中可以看出,柱塞泵的柱塞数较多且为奇数时,泵输出的脉动率较小;柱塞数较少或为偶数时,输出的脉动率较大。因此,柱塞泵的柱塞数一般为奇数,从结构和工艺性考虑,常取柱塞数 $z = 7$ 或 $z = 9$。

(1) 工作原理

如图 1.13 所示,当油泵的传动轴 8 通过电机带动旋转时,缸体 5 随之旋转,由于装在缸体中的柱塞的球头部分上的滑履 12 被回程盘压向斜盘,因此柱塞 9 将随着斜盘的斜面在缸体中做往复运动,从而实现油泵的吸油和压(排)油。油泵的配油是由配油盘 6 实现的。改变斜盘的倾斜角度就可以改变油泵的流量输出,改变斜盘的倾角方向就能改变泵的吸、压油的方向。

(2) 轴向柱塞泵内部的拆卸

10SCY14 - 1B 型轴向柱塞泵拆卸流程实物图如图 1.15 所示。

(3) 轴向柱塞泵拆装注意事项

① 如果有拆装流程图,请参考流程图进行拆装。

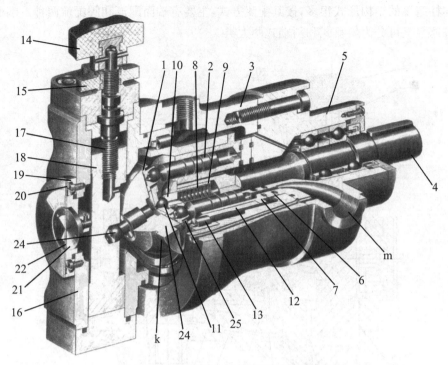

图 1.14　10SCY14－1B 型轴向柱塞泵实物图

1. 压盘；2. 柱塞；3. 中间阀体；4. 传动轴；5. 前泵体；6. 配油盘；7. 连接盘；8. 弹簧；9. 内套；10. 回程盘；
11. 柱塞球头；12. 缸筒；13. 滚柱体；14. 调节手柄；15. 防松手柄；16. 后泵体；17. 调节螺杆；18. 变量活塞；
19. 密封端盖；20. 锁紧螺钉；21. 密封螺盖；22. 密封圈；23. 销轴；24. 斜盘；25. 滑履；m. 进油口；k. 斜盘

② 无论有无相关元件结构图，拆装时均需记录元件及解体零件的拆卸顺序和方向。

③ 拆卸下来的零件，尤其是泵体内的零件，要做到不落地、不划伤、不锈蚀等。

④ 在需要敲打某一零件时，请用铜棒垫在零件表面上进行传力，不能用铁锤直接敲打零件表面。

⑤ 拆卸(或安装)一组螺钉时用力要均匀。

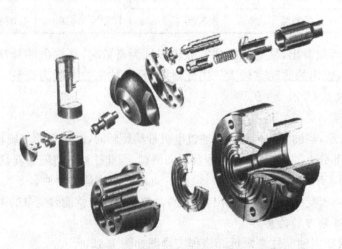

图 1.15　10SCY14－1B 型轴向柱塞泵拆卸流程实物图

（4）拆卸后对轴向柱塞泵结构的认识

10SCY14－1B型轴向柱塞泵是高压泵，使用压力常在12.5～31.5 MPa。它在液压机上大量使用。

从外观上看，泵有两个油口：进油口、出油口。要能分辨进、出油口。从整体结构上看，泵主要由中间阀体1、内套2、定心弹簧3、钢套4、回转缸体5、配油盘6、前泵体7、螺钉、传动轴8、柱塞9、套筒10、滚柱轴承11、滑履12、销轴16、压盘、斜盘15、钢球13、变量活塞17、丝杠18、螺母、手轮19等组成。

下面对主要零部件进行分析：

① 缸体

缸体用铝青铜制成，它是泵的核心零件。缸体上有七个与柱塞相配合的缸孔，其配合精度较高，以保证既能做相对运动，又有良好的密封性能。缸体中心开有花键孔，与传动轴相配合。缸体右端面与配油盘相配合。缸体外面镶有钢套并装在传动轴上。

② 配油盘

配油盘是使柱塞泵完成吸、压油的关键部件之一，这种配流方式称为端面配流。要求端面与缸体端面有较好的平面度和较高的表面粗糙度，以保证既能做相对运动，又有良好的密封性能。配流盘上开有两条月牙形槽Ⅰ和Ⅱ，它们分别与缸体吸、压油管相通。外圈的环形槽是卸荷槽，与回油相通，以减少缸体与配流盘之间的油液压力，保证两者能紧密配合。

在配流盘上开有两个通孔a和b，它们由直径为d_1和d_2的两个小孔组成。a孔与月牙形槽Ⅰ相通，b孔与月牙形槽Ⅱ相通（通过右泵盖上的开槽使之连通）。由于小孔的阻尼作用，可以消除泵的困油现象，从而降低泵的噪声。为配合两个通孔消除泵的困油现象，在安装配流盘时，将配流盘的对称轴相对于斜盘的垂直轴沿缸体旋转5°～6°。为保证这个相对关系，在配流盘下端铣一缺口，通过它用销子与右泵盖准确定位。

注意：缸体与接合面之间不能有磨损，一旦有磨损，将会造成油泵出口压力降低，柱塞与缸体内孔之间不能有磨损，滑履与斜盘之间也不能有磨损。配油盘与缸体接合面的表面粗糙度为0.2，缸体柱塞孔表面粗糙度为0.2。缸体的材料为QA19－4铜件，配油盘材料为黄铜件，柱塞材料为2GrMnTi。柱塞与缸体柱塞孔的配合间隙为0.01～0.02 mm（仅供参考）。

③ 柱塞与滑履

柱塞的球头与滑履铰接。滑履跟随柱塞做轴向运动，并以柱塞球头为中心自由摆动，使滑履的平面与斜盘的斜面保持方向一致。柱塞和滑履中心均为1 mm的小孔，缸中压力油可通过小孔进入柱塞和滑履，滑履和斜盘的相对滑动表面起到静压的作用，从而大大减小了这些零件的磨损。

④ 滚动轴承

滚动轴承承受斜盘作用在缸体的径向力，这样可以减少配流端面上的不均匀磨损，并保证缸体与配流盘的良好配合。

⑤ 轴心弹簧和回程盘

弹簧通过内套及钢球顶住回程盘，而回程盘使滑履紧贴斜盘，使柱塞能够做回程运动。同时弹簧又通过外套，使缸体紧贴配流盘，以保证泵启动时基本无泄漏。

⑥ 变量机构

变量活塞装在变量壳体内，并与螺杆相连。斜盘的两个耳轴支撑在变量壳体的两个圆弧导轨上，并以耳轴中心线为轴摆动，使其达到变量的目的。转动手轮时，通过螺杆可使变量活塞做轴向移动,通过连接变量活塞和斜盘的销轴,使斜盘绕钢球的中心摆动,从而改变斜盘的倾角大小,达到调节液压泵输出流量大小的目的。如果改变斜盘倾角的方向,就能改变泵的吸、压油的方向。因此轴向柱塞泵可制成双向变量泵。

(5) 轴向柱塞泵排量的计算

轴向柱塞泵排量的计算:

$$V = \frac{\pi}{4}d^2 Lz = \frac{\pi}{4}d^2 D(\tan\gamma)z \quad (单位:mm^3/r)$$

其中,d 为柱塞直径;γ 为斜盘倾角;Z 为柱塞数;L 为柱塞行程;D 为缸体柱塞部分圆的直径。

(6) 10SCY14-1B 型轴向柱塞泵装配注意事项

① 装配时的顺序与拆卸的顺序相反,安装前要给元件去毛刺,以免不宜装配。

② 检查密封元件有无老化,如有,应及时更换新的。

③ 装配结束后检查有无漏装零件。

④ 运转泵观察有无异常情况。

⑤ 最后让实验指导教师检查。

1.2　液压阀的拆装实验

一、实验目的

① 拆装各类液压元件,观察及了解各零件在液压阀中的作用。

② 了解各种液压阀的工作原理,按一定的步骤拆装各类液压阀。

液压元件是液压系统的重要组成部分,通过对液压阀的拆装可加深对阀的结构及其工作原理的了解,并能对液压阀的拆卸及装配工艺有一个初步的认识。

二、实验工具及元件

内六角扳手、固定扳手、螺丝刀、轴/孔用弹性挡圈钳等,各类液压阀。

三、实验原理及内容

1. 溢流阀

本实验采用 DG-02B 型直动式溢流阀和 Y-10B 型先导式溢流阀,其结构图和实物图分别如图 1.16～图 1.19 所示。

(1) 工作原理

直动式溢流阀是依靠系统中的压力油直接作用在阀芯上,并与弹簧力相平衡,以控制阀芯启闭动作的溢流阀。直动式溢流阀只适用于低压、小流量场合,其最大调整压力为 2.5 MPa。

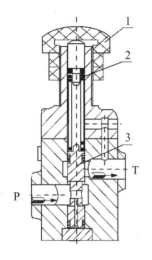

图 1.16 DG‑02B 型直动式溢流阀结构图	**图 1.17 DG‑02B 型直动式溢流阀实物图**
1. 调整螺母;2. 弹簧;3. 阀芯;P. 进油口;T. 回油口	

先导式溢流阀适用于高压、大流量场合,其最小调整压力为 6.3 MPa。工作时,油液从进油口 P 进入,经阻尼孔 e 及孔道 c 到达先导阀的进油腔(在一般情况下,外控口 K 是堵塞的)。当进油口压力低于先导弹簧的调定压力时,先导阀关闭,阀内无油液流动,主阀芯上、下腔油压相等,因而它被主阀弹簧抵住在主阀下端,主阀关闭,油不溢流。当进油口的压力升高时,先导阀进油腔的油压也升高,达到先导阀弹簧的调定压力时,先导阀被打开,主阀芯上腔的油经先导阀口及阀体上的孔道,由回油口流回油箱。主阀芯下腔的油液则经阻尼小孔流动,由于小孔阻尼大,使得主阀芯两端产生压力差,主阀芯便在此压差作用下克服其弹簧力上抬,主阀进油口与回油口连通,从而达到溢流和稳压的作用。调整调节螺母,通过调节杆可以改变调压弹簧的预紧力,从而实现调整溢流阀进油压力的目的。

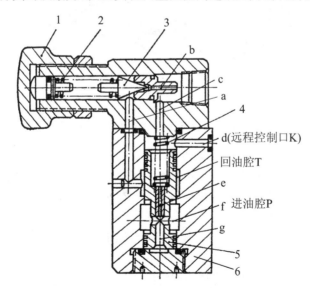

图 1.18   Y‑10B 型先导式溢流阀结构图

1. 调整螺母;2. 弹簧;3. 先导阀芯;4. 主阀弹簧;5. 主阀芯;6. 主阀体;a. 内油孔;
b. 阻尼孔;c. 内油孔;d. 远程控制口;e. 阻尼孔;f. 进油腔;g. 内油孔

图 1.19　Y－10B 型先导式溢流阀实物图

（2）直动式与先导式溢流阀的拆卸

首先，要辨别出直动式与先导式溢流阀的结构，比如，直动式溢流阀为低压阀，压力一般在 2.5 MPa 以下，而先导式溢流阀为中高压阀，压力一般在 6.3 MPa 以上。

直动式溢流阀与先导式溢流阀拆卸流程结构图如图 1.20 和图 1.21 所示。

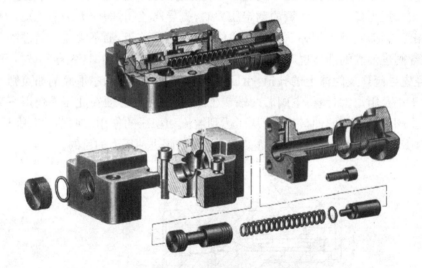

图 1.20　直动式溢流阀拆卸流程结构图

（3）直动式与先导式溢流阀拆卸注意事项

① 无论有无相关元件结构图，拆卸时均需记录元件及解体零件的拆卸顺序和方向。

② 拆卸下来的零件，尤其是阀体内的零件，要做到不落地、不划伤、不锈蚀等。

③ 拆卸（或安装）一组螺钉时，用力要均匀。

④ 在拆卸阀体内的弹簧时，不要让其弹出，以免伤人。

（4）拆卸后对直动式与先导式溢流阀结构的认识

直动式溢流阀结构比较简单，安装的密封圈不能磨损，否则会漏油，内部卸油油路不能堵塞，主阀芯外圆柱面要保持良好的表面精度。先导式溢流阀主要由主阀和先导阀组合而成，先导阀起控制压力的作用。控制油孔不能堵塞，先导阀芯的锥面不能磨损，油孔 g 也不

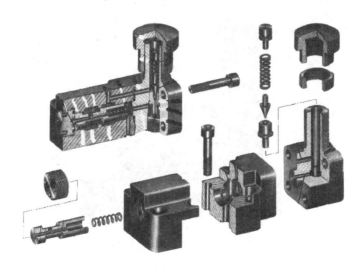

图 1.21　先导式溢流阀拆卸流程结构图

能堵塞,两个弹簧不能折断。

(5) 直动式与先导式溢流阀的装配注意事项

① 装配时的顺序与拆卸的顺序相反,安装前要给元件去毛刺,以免不宜装配。

② 检查密封元件有无老化,如有,应及时更换。

③ 装配结束后检查有无漏装零件,然后运转阀观察有无异常情况。

④ 最后让实验指导教师检查。

2. 减压阀

本实验采用 J-10B 型先导式减压阀,其结构图和实物图分别如图 1.22 和图 1.23 所示。

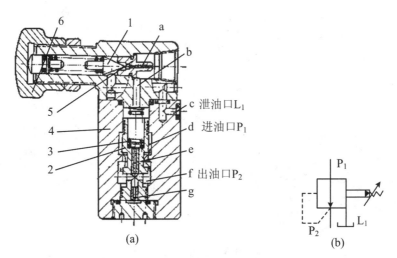

图 1.22　J-10B 型先导式减压阀结构图

1. 先导阀芯;2. 主阀芯;3. 弹簧;4. 主阀体;5. 阀座;6. 调压手轮;
a. 阻尼孔;b. 内油孔;c. 外泄油口;d. 进油腔;e. 阻尼孔;f. 出油腔;g. 内油孔

图 1.23　J－10B 型先导式减压阀实物图

（1）工作原理

减压阀在开始工作时，进口压力 p_1 经减压缝隙减压后，压力变为 p_2，并经主阀芯的轴向小孔 a 和 b 进入主阀芯的底部和上端（弹簧侧）。之后再经过阀盖上的孔和先导阀阀座上的小孔 c，最后作用在先导阀的锥阀体上。当出口压力低于调定压力时，先导阀在调压弹簧的作用下关闭阀口，主阀芯上、下腔的油压均等于出口压力，主阀芯在弹簧力的作用下处于最下端位置，滑阀中间凸肩与阀体之间构成的减压阀阀口全开，无减压作用。

（2）J－10B 型先导式减压阀的拆卸

J－10B 型先导式减压阀拆卸流程图如图 1.24 所示。

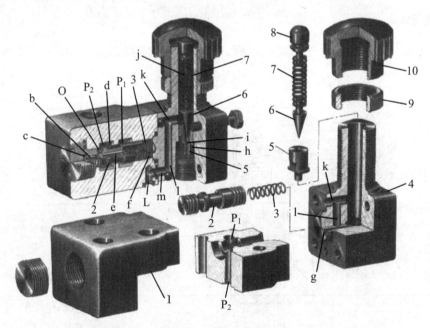

图 1.24　J－10B 型先导式减压阀拆卸流程图

1. 主阀体；2. 主阀阀芯；3. 主阀调压弹簧；4. 密封端盖；5. 锥阀阀座；6. 锥阀芯；7. 先导阀调压弹簧；8. 调节杆；
9. 锁紧螺母；10. 调节螺母；a. 阻尼孔；b. 内油孔；c. 内油腔；d. 油腔；e. 阻尼孔；f. 内油孔；g. 阻尼孔；h. 先导阀座；
i. 阻尼孔；j. 调压弹簧；k. 内油孔；l. 内油孔；m. 内油孔；L. 外油孔；O. 内油孔；P_1. 进油腔；P_2. 出油腔

（3）先导式减压阀拆装注意事项

① 无论有无相关元件结构图,拆装时均需记录元件及解体零件的拆卸顺序和方向。

② 对于拆卸下来的零件,尤其是阀体内的零件,要做到不落地、不划伤、不锈蚀等。

③ 拆卸（或安装）一组螺钉时,用力要均匀。

④ 在拆卸阀体内的弹簧时,不要让其弹出,以免伤人。

⑤ 坚持检查密封元件有无老化,如有,应及时更换。其他装配原则同溢流阀。

（4）拆卸后对 J-10B 型先导式减压阀结构的认识

安装的密封圈不能磨损,否则会漏油,内部卸油油路不能堵塞,主阀芯外圆柱面要保持良好的表面精度。

先导式减压阀主要由主阀和先导阀组合而成,其中先导阀起控制压力的作用。控制油孔不能堵塞,先导阀芯的锥面不能磨损,油孔 g 也不能堵塞,两个弹簧不能折断。

先导式减压阀从外观上看,与先导式溢流阀相似,但减压阀的进、出油口与溢流阀正好相反,主阀芯结构亦与溢流阀明显不同,减压阀的主阀芯设置是使进、出油口常开的,保持两者畅通,一旦出口压力发生变化,主阀芯将发生位移,以保持出口压力的恒定。

3．换向阀

本实验列出了三种类型的换向阀,通过它们可以了解各类型换向阀的工作原理、结构特点和通路,机能、控制方法及定位,互联及卸荷方法。

1）22D-25B 型电磁换向阀

22D-25B 型电磁换向阀的结构图如图 1.25 所示。

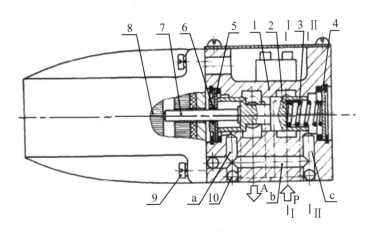

图 1.25　22D-25B 型电磁换向阀结构图

1. 阀体;2. 阀芯;3. 弹簧;4. 密封端盖;5. 挡板;6. 密封圈;7. 推杆;8. 磁铁线圈;9. 锁紧螺钉;
10. 调节螺母内孔;A. 内油腔;a. 内油孔;b. 内油孔;c. 内油孔;P. 进油腔;Ⅰ. 截面1;Ⅱ. 截面2

（1）工作原理

电磁换向阀是利用电磁铁的通电吸合与断电释放而直接推动阀芯来控制液流方向的。它是电气系统与液压系统之间发出中间信号的转换元件,图 1.25 为二位二通交流电磁换向阀结构图,在图示位置,油口 P 和 A 相通,当电磁铁通电吸合时,推杆 7 将阀芯 2 推向右端,这时油口 P 和 A 断开,而当磁铁断电释放时,弹簧 3 推动阀芯复位。

（2）22D-25B 型电磁换向阀的拆卸

22D-25B 型电磁换向阀的拆卸流程实物图如图 1.26 所示。

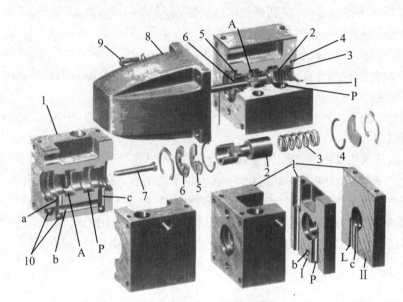

图 1.26　22D-25B 型电磁换向阀拆卸流程实物图

1. 阀体；2. 阀芯；3. 弹簧；4. 密封端盖；5. 挡板；6. 密封圈；7. 推杆；8. 磁铁线圈；9. 锁紧螺钉；10. 调节螺母内孔；A. 内油腔；a. 内油孔；b. 内油孔；c. 内油孔；l. 阀体做孔；L. 阀体内油孔；P. 进油腔；Ⅰ. 截面1；Ⅱ. 截面2

22D-25B 电磁换向阀的拆卸、装配注意事项同溢流阀和减压阀。

2）34DO-B10H 型电磁换向阀

34DO-B10H 型电磁换向阀的结构图如图 1.27 所示。

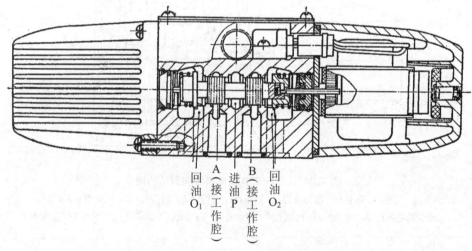

图 1.27　34DO-B10H 型电磁换向阀结构图

（1）工作原理

34DO-B10H 型电磁换向阀利用阀芯和阀体间相对位置的改变来实现油路的接通和断开，以满足液压回路的各种要求。电磁换向阀两端的电磁铁通过推杆来控制阀芯在阀体中的位置。

（2）34DO‐B10H 型电磁换向阀的拆卸

34DO‐B10H 型电磁换向阀的拆卸流程实物图如图 1.28 所示。

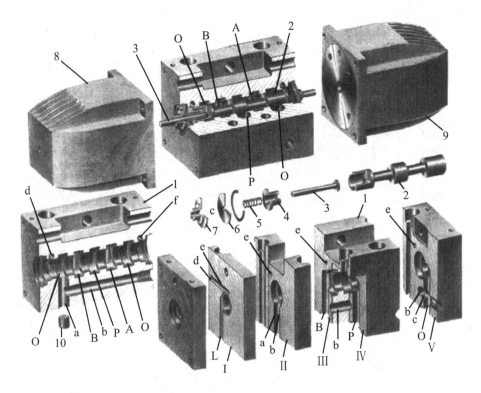

图 1.28　34DO‐B10H 型电磁阀拆卸流程实物图

1. 阀体剖开体；2. 阀芯；3. 推杆；4. 隔套；5. 弹簧；6. 端盖；7. 压盖；8. 左线圈密封盖；9. 右线圈密封盖；
10. 阀堵螺钉；a. 内油腔；b. 内油孔；c. 内油孔；d. 内油孔；e. 内阻尼孔；f. 内油孔；A. 内油腔；B. 内油腔；
L. 内油孔；O. 回油腔；P. 进油腔；Ⅰ. 截面 1；Ⅱ. 截面 2；Ⅲ. 截面 3；Ⅳ. 截面 4；Ⅴ. 截面 5

首先，要从外观上能分清交、直流电磁换向阀，主要区别在于电磁铁的形状不同，圆柱体的为直流电磁换向阀，其他的为交流电磁换向阀。阀芯为钢件，阀体为铸件。同一通径的阀芯其直径是相同的，但工作机能不同，这主要是阀芯的结构不同导致的。阀芯两端的垫圈不能装反，否则阀芯的行程不够，不能起到换向功能。中间的阀芯与阀体内孔配合面是有要求的，其表面不能磨损，否则会产生内部泄漏。两端弹簧不能折断。

要想判断电磁换向阀的工作机能，通过实物操作即可知道是几位几通电磁换向阀。

34E‐25D 型电磁阀的拆卸与装配的注意事项及原则同溢流阀和减压阀。

3）34S‐63 型手动换向阀

34S‐63 型手动换向阀多用于工程机械液压系统，其结构图如图 1.29 所示。

（1）工作原理

手动换向阀的阀芯运动是借助机械外力实现的，分为手动和脚踏两种。图 1.29 为三位四通换向阀的结构图，用手操纵杠杆即可推动阀芯相对阀体运动，从而改变工作位置。图示为弹簧自动复位式。

（2）34S‐63 手动换向阀的拆卸

34S‐63 手动换向阀的拆卸流程实物图如图 1.30 所示。

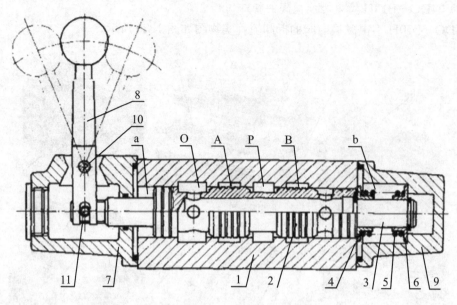

图 1.29　34S - 63 手动换向阀结构图

1. 中间阀体；2. 阀芯；3. 拉杆；4. 密封圈；5. 弹簧；6. 端盖；7. 左阀体；8. 手柄；9. 右阀体；
10. 固定销钉；11. 圆柱销；a. 内腔；b. 推杆固定座；A. 内油腔；B. 内油腔；O. 回油腔；P. 进油腔

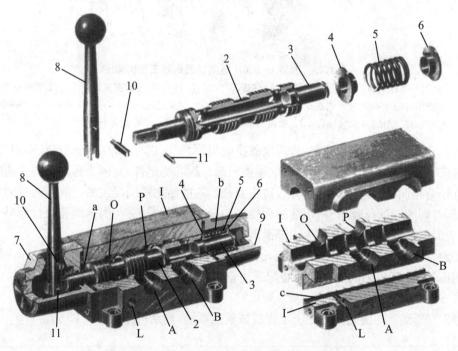

图 1.30　34S - 63 手动换向阀的拆卸流程实物图

1. 中间阀体；2. 阀芯；3. 拉杆；4. 密封圈；5. 弹簧；6. 端盖；7. 左阀体；8. 手柄；9. 右阀体；10. 固定销钉；11. 圆柱销；
a. 内腔；b. 推杆固定座；c. 内油孔；A. 内油腔；B. 内油腔；L. 外地油孔；O. 回油腔；P. 进油腔；I. 剖切截面

34S - 63 手动换向阀的拆卸、装配的注意事项及原则同溢流阀和减压阀。

4．单向阀

本实验采用 I－63B 型单向阀，其结构图如图 1.31 所示。

（1）工作原理

图 1.31 是一种管式普通单向阀的结构图。当开始工作时，压力油从阀体左端的通口 P_1 流入，克服弹簧 3 作用在阀芯 2 上的力后，使阀芯向右移动，打开阀口，并通过阀芯上的径向孔 a、轴向孔 b 从阀体右端的通口流出。但是压力油从阀体右端的通口 P_2 流入时，它和弹簧力一起使阀芯锥面压紧在阀座上，使阀口关闭，油液无法通过。

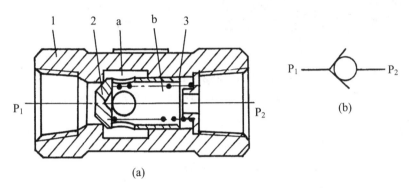

图 1.31　I－63B 型单向阀结构图

1．阀体；2．阀芯；3．弹簧；a．内油腔；b．内油腔；P_1．进油口；P_2．出油口

（2）I－63B 型单向阀的拆卸

I－63B 型单向阀的拆卸流程实物图如图 1.32 所示。

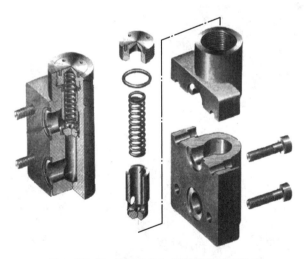

图 1.32　I－63B 型单向阀拆卸流程实物图

I－63B 型单向阀的拆卸、装配的注意事项同溢流阀和减压阀。

注意：单向阀的阀芯与阀体内孔配合面不能磨损，否则影响单向导通。

5．节流阀

本实验采用 L－25B 型节流阀，其结构图如图 1.33 所示。

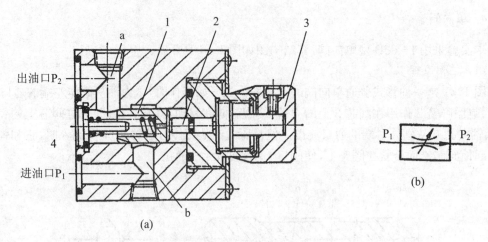

图1.33　L-25B型节流阀结构图

1. 阀芯；2. 推杆；3. 手轮；4. 弹簧；a. 内油腔；b. 内油腔；P_1. 进油口；P_2. 出油口

（1）工作原理

转动手轮3，通过推杆2使阀芯1做轴向移动，从而调节流阀的通流截面积，使流经节流阀的流量发生变化。由图1.33(b)可知，右旋是减小节流量，左旋是增大节流量。

（2）L-25型节流阀的拆卸

L-25B型节流阀的拆卸流程实物图如图1.34所示。

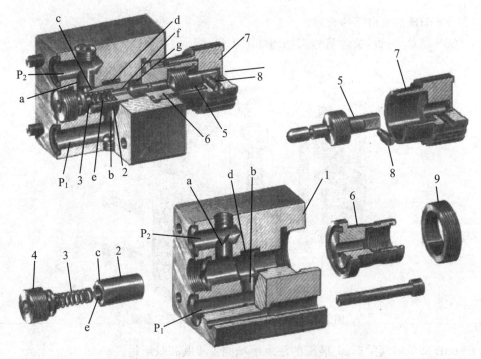

图1.34　L-25B型节流阀拆卸流程实物图

1. 阀体；2. 固定套；3. 弹簧压盖；4. 端盖；5. 推杆；6. 阀芯；7. 调节螺母；8. 紧定螺钉；9. 锁紧螺母；

a. 内油腔；b. 内油腔；c. 弹簧固定孔；d. 内油腔；e. 弹簧；f. 阀芯座孔；g. 阀座；P_1. 进油口；P_2. 出油口

L-25B型节流阀的拆卸、装配的注意事项同溢流阀和减压阀。

第 2 章 液压元件的性能实验

2.1 YCS‑B 型液压传动测试实验台简介

YCS‑B 型液压传动测试实验台是一种多功能液压实验台,是根据"液压与气压传动"课程的教材设计而成的,集可编程控制器和液压元件模块为一体,除可进行多种液压回路实验、性能实验外,还可进行液压组合实验及液压技术课程设计。在实验台架的底部,有液压泵、溢流阀、电磁换向阀等组成的基本回路,其泵站基本回路原理图如图 2.1 所示。

该实验台采用 PLC 控制方式和继电器控制两种方式,使学生在掌握传统的继电器控制之外,还可学习 PLC 编程控制。PLC 控制与计算机通讯以及在线调试等实验功能,完美结合了液压技术和电气 PLC 控制技术,适用于机类、近机类等专业。

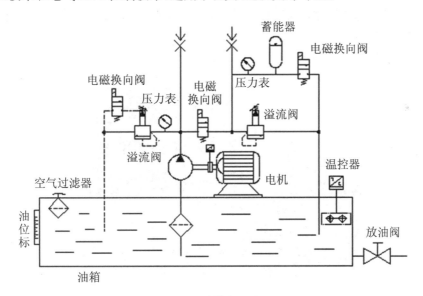

图 2.1 泵站基本回路原理图

一、YCS‑B 型液压传动测试实验台的性能与特点

① 实验台采用立式结构,便于多名学生进行实验实训的安装与测试。

② 操作平台面积大,可集成多个子系统。

③ 操作平台采用 T 型铝合金型材制成,管路连接采用了快速接头,元器件安装采用了弹簧式模块。

④ 演示部件采用了金属线、耐压胶管,压力可达 6.3 MPa。

⑤ 测试方法简单、实用、可靠。

二、YCS‑B 型液压传动测试实验台的性能实验

YCS‑B 型液压传动测试实验台的性能实验主要包括:

① 液压回路组态画面演示及控制实验。

② 液压传动基本回路实验。

③ 常用液压元件的性能测试实验:

(a) 液压泵的性能测试实验。

(b) 溢流阀的静态性能测试实验。

(c) 节流调速回路的性能测试实验。

(d) 细长小孔的流量压差性能测试实验。

(e) 薄壁小孔的流量压差性能测试实验。

(f) 环形缝隙的流量压差性能测试实验。

三、YCS‑B 型液压传动测试实验台组成

本实验台装置由实验工作台、液压泵站、常用液压元件、电气控制单元等几部分组成。其结构图如图 2.2 所示。

图 2.2　YCS‑B 型液压实验台

(1) 实验工作台

实验工作台由实验面板(铝合金型材)、实验操作台等构成。安装面板为 T 型沟槽式的铝合金型材结构,可以方便随意地安装液压元件,搭接实验回路。

实验工作台的基本尺寸:长×宽×高 = 1600 mm×700 mm×1800 mm。

(2) 液压泵站

液压泵的主要参数如下。

电机型号:M3P4H523;功率:2.2 KW;转速:1420 r/min;

定量泵型号:FA1-08F-FR;额定压力:7 MPa;额定排量:8 mL/r;

油箱:公称容积 40 L;

另附有热电偶、液位、油温指示计、滤油器、安全阀等。

(3)常用液压元件(见附录 B)

每个液压元件均配有油路过渡底板,可方便、随意地将液压元件安装在实验面板上。油路搭接采用开闭式快换接头,拆卸方便,不漏油。

(4)电气控制单元

可编程控制器 PLC 采用三菱 FX1N-24MR,I/O 接口 24 点,继电器输出形式。其中,电源电压为 220 V/50 HZ;控制电压为 24 V;设有手动、自动、延时、顺序等控制功能。实验台操作方便,灵活,配有压力表、流量计、转速计、秒表等常用测量工具。YCS-B 型液压实验面板如图 2.3 所示。

YCS-B 型液压传动测试实验台操作面板简介如表 2.1 所示。

表 2.1　YCS-B 型液压实验台操作面板简介

序号	元器件名称	功能
1	可编程控制器	三菱 FX1N-24MR　PLC
2	二芯航空插座	PLC 扩展预留
3	指示灯	扩展预留
4	四芯航空插座	PLC　X0 输入接口
5	红色普通按钮	PLC　X6 输入按钮
6	二芯航空插座	PLC 扩展预留
7	指示灯	扩展预留
8	四芯航空插座	PLC　X1 输入接口
9	红色普通按钮	PLC　X7 输入按钮
10	二芯航空插座	PLC 扩展预留
11	指示灯	扩展预留
12	四芯航空插座	PLC　X2 输入接口
13	红色普通按钮	PLC　X10 输入按钮
14	二芯航空插座	PLC 扩展预留
15	指示灯	扩展预留
16	四芯航空插座	PLC　X3 输入接口
17	红色普通按钮	PLC　X11 输入按钮
18	二芯航空插座	PLC 扩展预留
19	指示灯	扩展预留
20	四芯航空插座	PLC　X4 输入接口
21	红色普通按钮	PLC　X12 输入按钮

序号	元器件名称	功能
22	二芯航空插座	PLC 扩展预留
23	指示灯	扩展预留
24	四芯航空插座	PLC　X5 输入接口
25	红色普通按钮	PLC　X13 输入按钮
26	二芯航空插座	PLC　Y2 输出接口
27	指示灯	PLC　Y2 输出指示
28	指示灯	PLC　Y5 输出指示
29	二芯航空插座	PLC　Y5 输出接口
30	二芯航空插座	PLC　Y4 输出接口
31	指示灯	PLC　Y4 输出指示
32	指示灯	PLC　Y3 输出指示
33	二芯航空插座	PLC　Y3 输出接口
34	二芯航空插座	PLC　Y6 输出接口
35	指示灯	PLC　Y6 输出指示
36	指示灯	PLC　Y7 输出指示
37	二芯航空插座	PLC　Y7 输出接口
38	二芯航空插座	电磁阀接口
39	二芯航空插座	电磁阀接口
40	绿色自锁带灯按钮	压力继电器 I 控制按钮
41	绿色自锁带灯按钮	压力继电器 II 控制按钮
42	四芯航空插座	压力继电器 I 接口
43	四芯航空插座	压力继电器 II 接口
44	二芯航空插座	手动控制电磁阀 YA3 输出接口
45	二芯航空插座	手动控制电磁阀 YA1 输出接口
46	二芯航空插座	手动控制电磁阀 YA5 输出接口
47	二芯航空插座	手动控制电磁阀 YA4 输出接口
48	二芯航空插座	手动控制电磁阀 YA2 输出接口
49	二芯航空插座	手动控制电磁阀 YA6 输出接口
50	绿色自锁带灯按钮	电磁阀 YA3 手动控制按钮
51	绿色自锁带灯按钮	电磁阀 YA1 手动控制按钮
52	绿色自锁带灯按钮	电磁阀 YA5 手动控制按钮
53	绿色自锁带灯按钮	电磁阀 YA4 手动控制按钮
54	绿色自锁带灯按钮	电磁阀 YA2 手动控制按钮
55	绿色自锁带灯按钮	电磁阀 YA6 手动控制按钮

序号	元器件名称	功能
56	二芯航空插座	Ⅰ组左电磁铁输出接口
57	指示灯	Ⅰ组左电磁铁输出指示
58	指示灯	Ⅰ组右电磁铁输出指示
59	二芯航空插座	Ⅰ组右电磁铁输出接口
60	二芯航空插座	Ⅱ组左电磁铁输出接口
61	指示灯	Ⅱ组左电磁铁输出指示
62	指示灯	Ⅱ组右电磁铁输出指示
63	二芯航空插座	Ⅱ组右电磁铁输出接口
64	二芯航空插座	Ⅲ组左电磁铁输出接口
65	指示灯	Ⅲ组左电磁铁输出指示
66	指示灯	Ⅲ组右电磁铁输出指示
67	二芯航空插座	Ⅲ组右电磁铁输出接口
68	四芯航空插座	Ⅰ组行程开关左限位输入接口
69	指示灯	Ⅰ组行程开关指示灯
70	四芯航空插座	Ⅰ组行程开关右限位输入接口
71	四芯航空插座	Ⅱ组行程开关左限位输入接口
72	指示灯	Ⅱ组行程开关指示灯
73	四芯航空插座	Ⅱ组行程开关右限位输入接口
74	四芯航空插座	Ⅲ组行程开关左限位输入接口
75	指示灯	Ⅲ组行程开关指示灯
76	四芯航空插座	Ⅲ组行程开关右限位输入接口
77	绿色普通按钮	继电器控制Ⅰ组启动按钮
78	红色自锁带灯按钮	继电器控制Ⅰ组停止按钮
79	绿色普通按钮	继电器控制Ⅱ组启动按钮
80	红色自锁带灯按钮	继电器控制Ⅱ组停止按钮
81	绿色普通按钮	继电器控制Ⅲ组启动按钮
82	红色自锁带灯按钮	继电器控制Ⅲ组停止按钮
83	绿色自锁带灯按钮	蓄能器控制按钮
84	二芯航空插座	蓄能器电磁阀控制接口
85	二芯航空插座	电磁阀Ⅰ接口
86	转换开关	阀Ⅰ阀Ⅱ电磁阀转换开关
87	二芯航空插座	电磁阀Ⅱ接口
88	红色自锁带灯按钮	蓄能器总停控制按钮
89	绿色自锁带灯按钮	液压泵站供应按钮

序号	元器件名称	功能
90	数显功率表	电机功率显示
91	绿色自锁带灯按钮	泵启动按钮
92	绿色自锁带灯按钮	泵停止按钮
93	温控仪	液压油温显示
94	绿色自锁带灯按钮	油温加热控制按钮
95	转换开关	PLC、继电器转换开关
96	系统电器总停开关	

模块说明：1～37 为 PLC 控制模块；38～43 为压力继电器控制模块；44～55 为手动控制模块；56～82 为继电器控制模块；83～96 为液压泵站控制模块。

四、YCS‑B 型液压传动测试实验台操作注意事项

① 在实验回路连接好后，确保油路连接无误后再通电，启动油泵电机。

② 定量叶片泵所用的溢流阀起安全阀作用，不要随意调节，一般调节压力不超过 6.3 MPa。

③ 实验面板为 T 型槽结构，液压元件均配有可方便安装的过渡板。实验时，只需将元件挂在 T 型槽中并锁紧即可。

④ 实验油路连接均采用开闭式快换接头。实验时，应确保接头连接到位、可靠。

⑤ 实验台的电器控制部分分为继电器控制部分和 PLC 控制部分，可通过转换开关方便转换。

⑥ 因实验元器件结构和用材的特殊性，在实验的过程中务必要轻拿、轻放，防止碰撞；在做回路实验过程中，确认安装无误后，才能进行加压实验。

⑦ 实验前，必须熟悉各种元器件的工作原理和操作，掌握快速组合的方法；坚决禁止强行拆卸，不要强行旋扭各种元器件的手柄，以免造成人为的损坏。

⑧ 请不要带负载启动（将泵站下面的溢流阀螺帽旋松），以免损坏压力表。

⑨ 做实验时，不应将压力调的太高（正常工作压力为 4～6.3 MPa）。

⑩ 在使用本系统之前，一定要了解液压实验准则，了解本实验系统的操作规程，在实验老师的指导下进行操作，切勿盲目进行实验。

⑪ 在实验过程中，若发现回路中任何一处有问题，应立即关闭油泵，只有当回路卸压后，才能重新进行实验。

⑫ 实验完毕后，要清理好元器件；注意元件的保养与实验台的整洁。

⑬ 对于油泵电机的效率，实验计算时，一般取 80% 左右。

⑭ 由于油路连接采用的是开闭式快换接头，实验时管路会有一定的压降。当流量小于 7 L/min 时，每个开闭式接头的压降可忽略不计；当流量大于 7 L/min 时，每个开闭式接头的压降为 0.1～0.4 MPa。

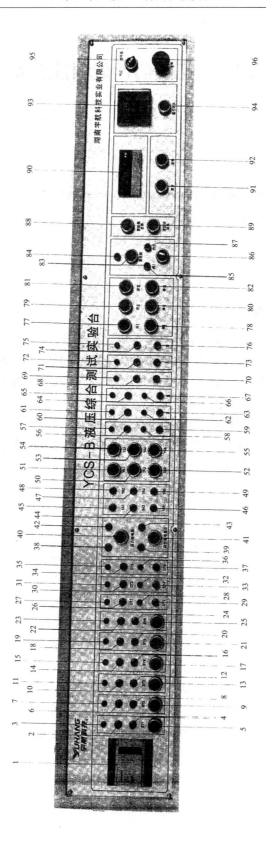

图 2.3 YCS - B 型液压传动测试实验台操作面板

2.2 液压泵的性能测试实验

一、实验目的

① 了解液压泵的主要性能(功率特性、效率特性)和测试装置。
② 掌握液压泵主要性能的测试原理和测试方法。

二、实验原理及内容

1. 液压泵的空载排量性能测试实验

液压泵的空载性能测试实验主要是测试泵的空载排量,液压泵的排量是指在不考虑泄露的情况下,泵轴每转排除油液的体积。理论上,排量应该按泵的密封工作容积的几何尺寸精确算出来;工业上,以空载排量取而代之。空载排量是指泵在空载压力(不超过5%额定压力或 0.5 MPa 的输出压力)下泵轴每转排除油液的体积。

测试时,如图 2.4 所示,将溢流阀 2 调至高于泵的额定工作压力,启动被测试泵 1,待稳定运转后,压力表面的数值满足空载压力的要求时,测试记录泵的流量 q_p(L/min)和泵轴转速 n(r/min),则泵的空载排量 V_{op}(ml/r),可由下式计算:

$$V_{op} = \frac{q_p}{n}$$

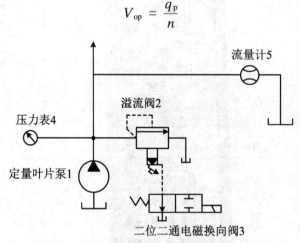

图 2.4 液压泵空载排量测试实验原理图

测量结果:

流量:$q_{p1} =$ _____;$q_{p2} =$ _____;$q_{p3} =$ _____;$q_{p平均} =$ _____。
转速:$n_1 =$ _____;$n_2 =$ _____;$n_3 =$ _____。$n_{平均} =$ _____。
计算结果:
$V_{op} =$ _____。

2. 液压泵的空载流量性能测试实验

如图 2.5 所示,测试空载流量的液压泵站系统由以下元件组成:定量叶片泵 1、先导式溢流阀 2、二位二通电磁换向阀 3 和防震压力表 4(量程:10 MPa)。这里的压力表反映的是整个系统的压力情况,先导式溢流阀作为整个系统的安全阀使用,二位二通电磁换向阀起紧急卸荷的作用。

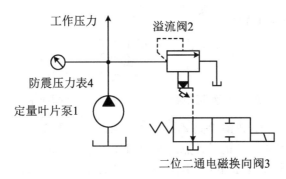

工作压力

溢流阀2

防震压力表4

定量叶片泵1

二位二通电磁换向阀3

图 2.5　液压泵空载流量测试实验原理图

泵的空载流量测试步骤如下:

① 启动电机,调节先导式溢流阀 2,使工作压力口达到额定压力 6.3 MPa,这里的额定压力通过防震压力表 4 指示。系统压力调节好之后,停止电机。

② 按照图 2.4 搭接液压回路。

③ 启动电机,观察流量计,用秒表计时 1 分钟,记录流量计的数值,要求测 3 次;三次读数的平均值就是此实验台的空载流量,并记录下来。

例:流量计的指针在零位(或自定义一个指针起始点),同时按下秒表走完 1 分钟的开关,当秒表走完 1 分钟,记下流量计的指针位置,读出流量计的读数(流量计转一圈是 10 L)。要求测 3 次,每次 1 分钟。

④ 把先导式溢流阀旋松,使工作压力下降,关停电机。

测量结果:

$q_{p1} = $ _____ ;$q_{p2} = $ _____ ;$q_{p3} = $ _____ ;

计算结果:

$q_{p平均} = $ _____ 。

3. 液压泵的流量性能和效率性能测试实验

(1) 液压泵的流量特性

液压泵的流量性能是指的实际流量 q 随出口工作压力 p 变化的特性,液压泵的功率特性是指泵轴输入功率随出口工作压力 p 变化的特性。测试时,如图 2.6 所示,将溢流阀 2 调至高于泵的额定工作压力(6.3 MPa),用节流阀 5 给被测试液压泵 1 由低至高逐点加载。记录各点的泵出口压力 p(MPa)、泵流量 q(L/min)、电机功率 P(kW)和泵轴转速 n(r/min),将测量数据填在表 2.3 中。

(2) 液压泵的效率性能

液压泵的效率性能是指泵的机械效率、容积效率、总效率随出口工作压力 p 变化的特

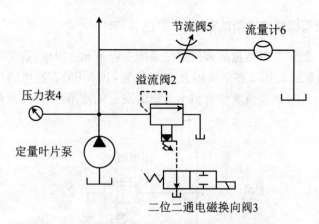

图 2.6　液压泵流量和效率性能测试实验原理图

性。测试时,如图 2.6 所示,将溢流阀 2 调至高于泵的额定工作压力,用节流阀 5 给被测试液压泵 1 由低至高逐点加载。记录各点的泵出口压力 p(MPa)、泵流量 q(L/min)、电机功率 P(kW)和泵轴转速 n(r/min)。实测的电机效率(η_{motor})性能数据供参考与比对,如表 2.2 所示。

表 2.2　电机特性数据

电机输入功率 P_i	电机效率 η_{motor}
0.0000	0.0000
0.1800	0.2400
0.3600	0.4900
0.5400	0.6400
0.7200	0.7250
0.900	0.7750
1.0800	0.8030
1.2600	0.8200
1.4400	0.8280
1.6200	0.8350
1.8000	0.8380
1.9800	0.8400
2.1600	0.8410
2.3470	0.8420
2.5200	0.8410
2.7000	0.8405

三、实验步骤

（1）工作原理

首先了解原理结构,液压泵的工作压力是液压泵在实际工作时输出油液的压力,即油液克服阻力而建立起来的压力,它随负载的增加而增高。在实验中,将节流阀 5 作为负载,使节流阀具有不同的开度,则泵出口压力就有对应的值,在一系列的压力值下,测量出对应的流量值,就得出流量-压力特性曲线: $q = f(p)$。

（2）测试步骤

① 按图 2.6 搭接测试回路。

② 启动电机,调节先导式溢流阀 2,使系统压力口升至额定压力 6.3 MPa。将节流阀 5 旋至全松,此时压力表 4 的读数即为系统的最低压力。将额定压力减去最低压力,并 10 等分,作为 10 个压力测量点。

③ 流量压力特性的测试以 10 个压力测量点为根据,依次调节节流阀 5(每次 1 分钟),并记下相应压力测试点的压力、流量和电机输入功率。

④ 测试完成后,将先导式溢流阀旋松,使系统的压力降低,关停电机。

⑤ 将测量的数据填入表 2.3 中。

实验条件:液压牌号_____;油温_____;系统调节压力_____。

表 2.3　实验数据记录表

名称＼次数数据	1	2	3	4	5	6	7	8	9	10
空载排量 V_p										
流量 q_p										
压力 p										
电机输入功率 P(kW)										
泵的输入功率 P_{pi}										
泵的输出功率 P_{po}										
容积效率 η_{pv}										
总效率 η_p										
机械效率 η_{pm}										

根据以下公式计算各功率和效率,并填在表 2.3 中。

液压泵排量: $V_p = \dfrac{q_p}{n}$。

液压泵的输出功率: $P_o = Pq_p$。

液压泵的输入功率：$P_i = 2\pi n T_i$。

注：忽略泵在能量转换过程中的损失，也就是泵的理论功率：$P_t = p q_t = 2\pi n T_t$；$T_t = (p V_p)/(2\pi)$。

液压泵的机械效率：$\eta_{pm} = \dfrac{pv}{2\pi n T_i}$。

液压泵的容积效率：$\eta_{pv} = \dfrac{q_p}{q_t}$。

液压泵的总效率：$\eta_p = \eta_{pv}\, \eta_{pm}$。

四、实验总结

① 根据测试数据和查找数据及计算数据，在算术坐标纸上画出各种特性曲线，在下表中绘制。

液压泵流量和压力特性曲线	液压泵容积效率、机械效率、总效率特性曲线

② 了解各种液压元件在实验中的作用，尤其是溢流阀和节流阀在实验中的作用。

③ 从画出的各种曲线中，可得到什么？在选择上，应注意什么？在使用时，应控制什么？

2.3　溢流阀的静态性能测试实验

一、实验目的

① 了解溢流阀静态特性测试装置。

② 掌握溢流阀的调压范围、压力振摆、压力偏移、压力损失和卸荷压力等主要静态特性的物理意义和测试方法。

③ 掌握溢流阀启闭特性曲线测试原理和方法，并能正确分析测试结果。

二、实验原理及内容

1．实验原理

溢流阀的静能性能测试实验原理图如图 2.7 所示。

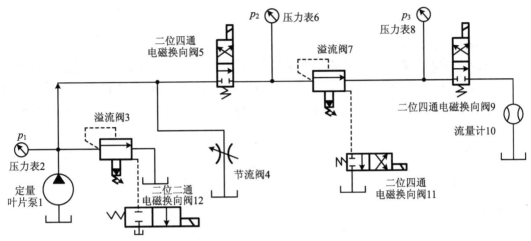

图 2.7　溢流阀的静能性能测试实验原理图

2．实验内容

溢流阀是液压系统中极其重要的控制元件,其特性对系统的工作性能影响很大。所谓静态特性是指元件或系统在稳定工作状态下的性能,溢流阀的静态特性指标很多,主要是指压力(p)-流量(q)特性和启闭特性,其次有调压范围、压力稳定性(压力振摆、压力偏移)、压力损失和卸荷压力,这几项指标在溢流阀出厂时要进行综合检验。

(1) 调压范围测量

先调定好系统出口压力 p_1(6.3 MPa),再按照图 2.7 所示将被测试溢流阀 7 及其他元件连接在实验油路中;完全关闭节流阀 4,将被测试阀 7 的调压手柄调至较紧状态,记下此时的压力 p_2(压力不超过 6.3 MPa);再将调压手柄调至全松状态,记录此时的压力 p_2',最后计算两者差值。反复实验不少于 3 次。

测量结果:

$p_2 =$ _____；$p_2' =$ _____。

调压范围:

$p_2 - p_2' =$ _____。

(2) 压力振摆测量

先调定好系统出口压力 p_1(6.3 MPa),再按照图 2.7 所示将被测试溢流阀 7 及其他元件连接在实验油路中,完全关闭节流阀 4,将被测试阀 7 的调压手柄调至较紧状态,记下此时的压力 p_2(压力不超过 6.3 MPa),观察这种工况下压力表 6 的指针摆动范围。

测量结果:

压力表 p_2 的指针摆动范围为_____。

（3）压力损失测量

将测试溢流阀 7 置于实验油路中，先调定好系统出口压力 p_1（6.3 MPa），完全关闭节流阀，使被测试阀 7 的两端油路接通，将被测试阀 7 的调压手柄调至全松状态，测量这种工况下溢流阀 7 进口压力 p_2（MPa）和出口压力 p_3（MPa）的差值。

测量结果：

$p_2 =$ _____ ; $p_3 =$ _____ 。

压力损失：

$p_2 - p_3 =$ _____ 。

（4）卸荷压力测量

将测试溢流阀 7 置于实验油路中，先调定好系统出口压力 p_1（6.3 MPa），完全关闭节流阀 4，使被测试阀 7（调节手柄处于全紧状态）的两端油路接通，将电磁阀 11 得电使被测试溢流阀 7 卸荷，测量记录这种工况下被测试阀 7 进口压力 p_2（MPa）和出口压力 p_3（MPa）的差值。

测量结果：

$p_2 =$ _____ ; $p_3 =$ _____ 。

卸荷压力：

$p_2 - p_3 =$ _____ 。

（5）启闭特性测量

启闭特性包括开启特性和关闭特性。

开启特性是指阀从关闭状态逐渐开启，流经阀的流量和对应的阀前压力之间的关系。当流经阀的流量为该阀完全开启时实际通过流量的1%时，所对应的阀前压力与调定压力的比值叫做开启压力比。

闭合特性是指阀从全开启状态逐渐闭合，流经阀的流量和对应的阀前压力之间的关系。当流经阀的流量为该阀全开启时实际通过流量的1%时，所对应的阀前压力与调定压力的比值。压力稳定性是指溢流阀在某一调定压力下工作时，不应有不正常的尖叫和噪声，并且压力值的波动越小越好。

将被测试溢流阀置于实验油路中，先调定好系统出口压力 p_1（6.3 MPa），完全关闭节流阀 4，使被测试阀 7 的两端油路接通，调节被测试阀的调压手柄至一个实验压力（注意：此压力应小于系统出口压力），并锁紧手柄；在被测试溢流阀额定流量范围内，通过等分调节节流阀 4 的开口（等分 10 次），来间接控制被测试阀的溢流流量 q（L/min），系统压力也随之改变。在溢流量由小变大的调节过程中，测量并记录各测量点的溢流量 q（L/min）和进口压力 p_1（MPa）值，获得被测试溢流阀的开启特性；然后在溢流量由大变小的调节过程中，测量并记录各测量点的溢流量 q（L/min）和进口压力 p_1（MPa）值，获得被测试溢流阀的闭合特性。

三、实验步骤

按图 2.7 搭接回路。回油路中用到以下元件：二位四通电磁换向阀 3 个，先导溢流阀 1 个，带压力表的三通接头 2 个，流量计 1 个，节流阀 1 个。

从台面上的工作压力出口接一个三通接头，三通接头的一头用油管接节流阀进口，节流阀的出口接回油;三通接管的另一头接二位四通电磁换向阀 5 的 B 口,A 口接回油,二位四通电磁换向阀 5 的 P 口接被测先导溢流阀的进口,并在被测先导溢流阀 7 的进口上接一个带有三通接头的压力表 6,二位四通电磁换向阀 5 的 T 口不接。被测先导溢流阀 7 的出口上接一个带有三通接头的压力表 8,三通接头的另一头接二位四通电磁换向阀 9 的 P 口,A 口接流量计的进口,流量计的出口接回油。被测先导溢流阀 7 的外控口接二位四通电磁换向阀 11 的 P 口,二位四通电磁换向阀 11 的 B 口接回油。

(1) 测试调压范围

① 启动电机,完全关闭节流阀 4,在电磁阀不通电的情况下,把系统压力调到额定压力 (6.3 MPa)。打开电磁阀 5 和 9,使用油路接通(构成回路)。旋紧被测溢流阀 7 的调节手柄至较紧状态,记录表 6 的读数和表 8 的读数。

② 旋松被测阀 7 的调节手柄至全松,再次记录表 6 的读数和表 8 的读数。把第一次较紧时表 6 的读数和第二次全松时表 6 的读数相减,所得的值就是被测阀 7 的调压范围。

(2) 测试压力振摆

旋紧被测阀 7 的调节手柄,记录压力表 6 的额定压力(6.3 MPa),观察压力表指针是否有摆动,若有,其摆动的幅度值就是被测阀 7 的压力振摆。

(3) 测试压力偏移

旋紧被测阀 7 的调节手柄,使之达到额定压力值时的压力读数值与偏摆浮动值之差(观察时间间隔为 1 分钟),就是压力偏移。

(4) 测试压力损失

全松被测阀 7 的调节手柄,记录压力表 6 与压力表 8 的读数,两数相减就是被测阀 7 的压力损失。

(5) 测试卸荷压力

旋紧被测阀 7 的调节手柄,打开电磁换向阀 11,记录压力表 6 与压力表 8 的读数,两数相减就是被测阀 7 的卸荷压力。

观察与思考:若将被测阀 7 的调节手柄处于全松状态,再按上述步骤测试表 6 和 8 的读数。

注意:溢流阀的调压范围与系统的调定值是两个概念。

(6) 测试启闭特性

① 关死节流阀 4,确定二位四通电磁换向阀 5、二位四通电磁换向阀 9、二位四通电磁换向阀 11 全部断电;将溢流阀 3 调至 6.3 MPa(压力表 2 的读数)。

② 二位四通电磁换向阀 5、9 通电,调节被测试阀 7 的调节手柄,使其进口压力为 6 MPa,此时记下流量计读数(为最大流量),并锁紧被测试阀 7 的手柄。

③ 将流量计 10 改接为实验台上的量筒(测小流量时用量筒),全松节流阀 4,观察记录量筒上的读数(此时为 0),逐渐右旋节流阀 4 的调节手柄,量筒上的油流从慢滴到形成一条线,从而找出阀 7 的开启流量(规定其值为额定流量的 10% 以内)。

④ 逐渐关小节流阀 4 的开口,每次右旋节流阀 4 的调节手柄 1/4 圈,观察压力表 6 的读数,并记录;用秒表测量量筒或流量计的读数,并记录。

⑤ 如此反复 8~10 次,直至把节流阀 4 的开口全关死为止。将记录的数据整理并画出 q-p 曲线(溢流阀的开启特性曲线)。

⑥ 再反过来左旋节流阀 4 的调节手柄,逐渐松开 4,此时阀 7 的流量渐小,每次左旋节

流阀 4 的调节手柄 1/4 圈,观察压力表 6 的读数,并记录;用秒表测量量筒或流量计的读数并记录。

⑦ 如此反复 8～10 次,直至把节流阀 4 的开口全部打开为止。将记录的数据整理并画出 q-p 曲线(溢流阀闭合特性曲线),两曲线绘在同一个坐标中。

注意:测量开启特性和闭合特性时,必须小心,手柄只能朝一个方向转动,不得反调,因为这样会改变摩擦力的方向,使测试数据产生误差。特别注意实验过程中流量计与量筒的切换,大流量时慎用量筒。

流量计算公式:

$$q = vn$$

式中,q 为对 p_2 压力时的流量(L/min);V 为单位时间液体体积变化量(mL);n 为泵的转速。

四、实验结果

实验条件:被测试阀_____;油温_____;系统调节压力_____;调压范围_____;压力振摆_____;压力偏移_____;压力损失_____;卸荷损失_____。

将测量的数据填入表 2.4 和表 2.5 中。

表 2.4　实验数据记录表

项目	序号 数据	1	2	3	4	5	6	7	8
开启过程	p_2								
	V								
	q								

表 2.5　实验数据记录表

项目	序号 数据	1	2	3	4	5	6	7	8
闭合过程	p_2								
	V								
	q								

五、实验总结

① 根据开启过程、闭合过程中所测试的数据及计算数据,用算术坐标纸较准确地绘制出启闭特性曲线。

② 透彻理解溢流阀启闭特性的意义,了解启闭特性对其使用性能的影响。

③ 熟悉并理解溢流阀的实验技术指标。

2.4　节流调速回路的性能测试实验

一、实验目的

① 以进油口节流调速回路为例,了解节流调速回路的组成及调速原理。
② 掌握变负载工况下,速度-负载特性和功率特性曲线的特点和测试方法。
③ 掌握恒负载工况下,功率特性曲线的特点和测试方法。
④ 分析比较变负载和恒负载的节流调速性能特点。

二、实验原理及内容

1. 实验原理

节流调速回路的性能测试实验原理图如图 2.8 所示。

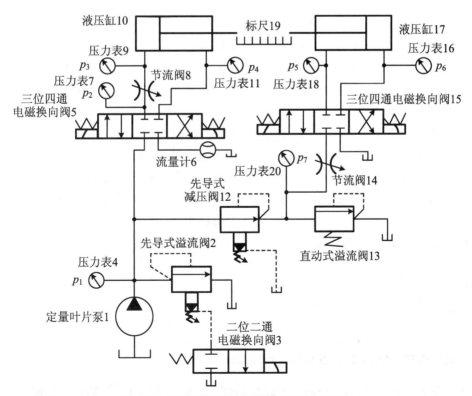

图 2.8　节流调速回路的性能测试实验原理图

2．实验内容

（1）变负载的速度-负载特性和功率特性测试

在日常工作中，液压系统的流量主要是由流量控制阀来控制的，其中最主要的有两种：节流阀和调速阀。它们的工作过程是靠改变阀口的过流面积来调节输出的流量，从而控制执行元件的运动速度。本实验只测试节流阀的相关性能。

在测试装置液压原理图中，工作缸和节流阀 8 构成进油口节流调速回路，负载缸用于给工作缸施加负载时，它们由泵 1 以不同的压力驱动。变负载的速度-负载特性和功率特性是指当工作缸的负载变化时，工作缸的速度 v 随负载 F 的变化特性及回路功率参数（有用功率、节流损失、溢流损失、泵输入功率）随工作缸工作压力 p_3 变化的特性。

测试时，调节溢流阀 2 为一个系统设定压力，锁紧手柄；调节节流阀 8 为一个设定开度，锁紧手柄；设定若干个加载压力测量点，由小至大调节溢流阀 13（即调节负载缸的工作压力，调节工作缸的负载），测量记录各测量点 p_2、p_3、p_4、p_5、p_6 的压力值（MPa）、流量 q（L/min）及位移 L（mm），并由下面公式计算相关参数：

液压缸的线速度：$v = \Delta L/\Delta t$（mm/s）。

液压缸的机械效率：$\eta_m = 1 - F_f \times 10^{-6}/(p_3 A_1 - p_4 A_2)$。

液压缸的摩擦力：$F_f = (p_3 A_1 - p_4 A_2 p_5 A_1 + p_6 A_2) \times 10^6/2$（N）。

液压缸的负载：$F = p_6 A_1 - p_5 A_2)\eta_m \times 10^6$（N）。

液压缸的有用功率：$P_1 = FV/1000$（W）。

节流损失功率：$P_2 = (p_1 - p_2)q \times 10^3/60$（W）。

调速回路输入功率：$P = p_1 q_p \times 10^3/60$（W）。

式中，A_1 为液压缸无杆腔有效面积；A_2 为液压缸无杆腔有效面积；q_p 为泵的实际流量。

（2）恒负载的功率特性的测试

恒负载的功率特性是指当工作缸的负载不变时，回路功率参数（有用功率、节流损失、溢流损失、泵输入功率）随工作缸输入流量 q（或工作缸速度 v）的变化特性。

测试时，调节溢流阀 1 为一个系统设定压力，锁紧手柄；调节溢流阀 2 为一个设定压力（即调节工作缸负载恒定），锁紧手柄；设定若干个流量测量点，由小到大调节节流阀 14 的开度，测量记录各测量点 p_2、p_3、p_4、p_5、p_6 的压力值（MPa）、流量 q（L/min）及位移 L（mm），并由和变负载工况相同的公式计算出相关参数，由测试计算数据，绘制恒负载工况下功率参数 p_3 的曲线。

三、实验步骤

1．变负载的速度-负载特性和功率特性测试

① 按图 2.8 连接回路，三位四通电磁换向阀 5 的两个电磁铁分别接到电器控制板 YA1 和 YA2，三位四通电磁换向阀 15 的两个电磁铁分别接到电器控制板 YA3 和 YA4。

② 启动液压泵，调节 p_1 为系统最高压力 7 MPa，p_7 为系统最低压力 1 MPa，按最高工作压力，由小到大预设若干个（一般为：$p_7 = 1$ MPa，1.5 MPa，2 MPa，2.5 MPa，3 MPa，

3.5 MPa,4 MPa,4.5 MPa,5 MPa,5.5 MPa,6 MPa)加载点(加压点)。

③ 手动调整节流阀 8 的开度,使工作缸的速度合适。

④ 手动开启电磁铁 YA3,使负载缸活塞杆伸出至终点。

⑤ 将 p_7 调到 1 MPa,准备好配置的秒表,手动开启 YA2,使工作缸活塞杆右行伸出,记录下工作缸右行的位移量 ΔL 及相应的时间变化量 Δt。并记录 p_1、p_2、p_3、p_4、p_5、p_6、p_7(p_7 是每次设定的)的值(此处需要多人合作,否则,要多次重复运行动作以记录读数)。关闭电磁铁 YA2,开启电磁铁 YA1,使工作缸左行复位。

⑥ 将 p_7 调到 1.5 MPa,再次开启电磁铁 YA2,使工作缸活塞杆右行伸出,记录下工作缸右行的位移量 ΔL 及相应的时间变化量 Δt;并记录 p_1、p_2、p_3、p_4、p_5、p_6、p_7(p_7 是每次设定的)、q_p 的值。关闭电磁铁 YA2,开启电磁铁 YA1,使工作缸左行复位。

⑦ 重复第⑥步,依次记录下 p_3、p_4、p_5、p_6 和 q_p 的压力值。

⑧ 调整 p_7 至下一个加压点,重复④～⑦步的操作,直至测试完全部加载点。

2. 恒负载的功率特性测试

① 按图 2.8 连接好回路,三位四通电磁换向阀 5 的两个电磁铁分别接到电器控制板 YA1 和 YA2,三位四通电磁换向阀 15 的两个电磁铁分别接到电器控制板 YA3 和 YA4。

② 启动液压泵,调节 p_1 为系统最高压力 7 MPa,p_7 为期望的加载压力。

③ 手动调整节流阀 8 的开度至最小,使工作缸有最小但不爬行的速度;并按泵的最低流量,由小到大预设若干个流量测量点。

④ 手动开启电磁铁 YA3,使负载缸左行至终点。

⑤ 准备好配置的秒表,手动开启 YA2,使工作缸右行,记录下工作缸右行的位移量 ΔL 及相应的时间变化量 Δt。关闭电磁铁 YA2,开启电磁铁 YA1,使工作缸左行复位。

⑥ 再次开启电磁铁 YA2,使工作缸右行,记录下工作缸右行过程中 p_1 的压力值。关闭电磁铁 YA2,开启电磁铁 YA1,使工作缸左行复位。

⑦ 重复第⑥步,依次记录下 p_3、p_4、p_5、p_6 和 q_p 的压力值。

⑧ 小心调整节流阀 8,观察流量计的变化,使至下一个测速点,重复④～⑦步的操作,直至测试完全部加载点。

注意:测试操作必须按预设的加载点由小到大进行操作。

四、实验结果

将变负载的功率特性(强度负载特性)测试或恒负载的功率特性测试的实验数据记录在表 2.6 中。

表 2.6　实验数据记录表

次数 数据	1	2	3	4	5	6	⋯
p_1							
p_2							
p_3							
p_4							
p_5							
p_6							
p_7							
ΔL							
Δt							
q_p							

由上述测试计算数据,绘制变负载工况下速度 v-负载 F 曲线和功率 p_3 曲线。

2.5　细长小孔的流量压差性能测试实验

一、实验目的

① 了解细长小孔的液阻特性和测试装置。
② 掌握细长小孔的流量特性测试原理和测试方法。
③ 比较和分析实际流量特性和理论流量特性的差别。

二、实验原理及内容

1. 实验原理

细长小孔的流量压差性能测试实验原理图如图 2.9 所示,实物图如图 2.10 所示。

2. 实验内容

细长小孔因孔小而细长,液体流动时因黏性而流动不畅,故多为层流。在实际工作中,一般用于各种压力阀元件,作为阻尼孔控制液体流经元件时的压力差,如溢流阀的阻尼孔。

测试细长小孔压差-流量特性时,将细长小孔试件置于实验油路中,通过节流阀 9 的调整,由小至大地逐点改变通过试件的流量,测量记录细长小孔入口的压力 p_1(MPa)、出口压力 p_2(MPa)、流量 q(L/min),将测试数据绘制 Δp-q 特性曲线。

$$\Delta p = p_1 - p_2$$

理论上,细长小孔前后压差 Δp 与通过细长小孔流量 q 之间的关系可由下式计算：

$$q = \frac{\pi d^4}{180\mu L}\Delta p$$

式中,μ 为液体动力黏度;d 为细长小孔直径;L 为细长小孔长度。

细长小孔实物图如图 2.10 所示。

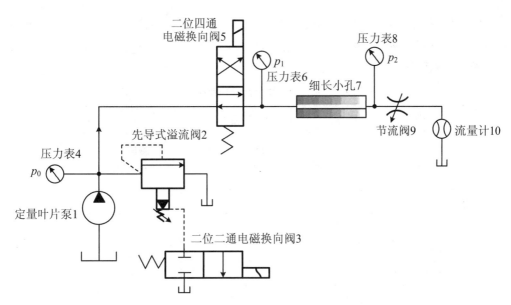

图 2.9　细长小孔的流量压差性能测试实验原理图

图 2.10　细长小孔实物图

三、实验步骤

① 按图 2.9 搭接细长小孔流量压差性能测试回路,并把二位四通电磁阀 5 的电磁铁接到控制面板的 YA1 上。

② 启动电机,调节溢流阀 2,使泵出口压力表(p_0)显示值适当(由被测元件液阻特性决定)。

③ 测试流量范围,由小到大设置流量测量点(一般为 10 个测量点)。

④ 按下 YA1 控制按钮给二位四通电磁阀 5 的电磁铁通电,调节节流阀 9,同时观察流量计,使其在流量测量点最小值附近。

⑤ 观察压力表 6(p_1)、压力表 8(p_2),并记录此时压力 p_1、p_2 及流量 q 的值。

⑥ 调节节流阀 2,同时观察流量计,使在下一个测量点附近,重复操作第⑤步,至测试完成。

注意:测试操作必须按预设的流量测量点由小到大进行操作。

四、实验结果

实验条件:孔径 $d =$ _____ mm;孔长 $L =$ _____ mm;油液牌号:_____;油液温度:_____℃;液体动力黏度 $\mu =$ _____;油泵调定压力 $p_0 =$ _____ MPa。

将测量的数据填入表 2.7 中。

表 2.7　实验数据记录表

内容数据 次数	压力		压力差	流量对照	
	p_1	p_2	$\Delta p = p_1 - p_2$	实测值	理论值
1					
2					
3					
4					
5					
6					
7					
8					
9					
10					

五、实验总结

① 根据实验记录数据及计算数据,用算术坐标纸绘出 Δp-q 特性曲线图,并与理论计算特性曲线进行比较。

② 在曲线图中,有哪些影响参数? 哪些因素是主要的? 影响程度如何?

2.6　薄壁小孔的流量压差性能测试实验

一、实验目的

① 了解薄壁小孔的液阻特性和测试装置。
② 掌握薄壁小孔的流量特性测试原理和测试方法。
③ 比较和分析实际流量特性和理论流量特性的差别。

二、实验装置及实验原理

1. 实验原理

薄壁小孔的流量压差性能测试实验原理图如图 2.11 所示。

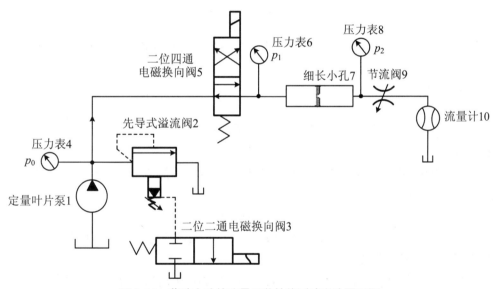

图 2.11　薄壁小孔的流量压差性能测试实验原理图

2. 实验内容

薄壁小孔结构图和实物图分别如图 2.12 和图 2.13 所示,可分为三种:当小孔的长径比 $l/d \leqslant 0.5$ 时,称薄壁小孔;当小孔的长径比 $l/d > 4$ 时,称细长小孔;当小孔的长径比 $0.5 < l/d \leqslant 1$ 时,称短孔。

测试薄壁小孔流量压差特性时,将薄壁小孔试件置于实验油路中,通过节流阀 9 的调整,由小到大逐点改变通过试件的流量,测量记录薄壁小孔入口压力 p_1(MPa)、流量 q(L/min),将测试数据绘制 $\Delta p\text{-}q$ 特性曲线:

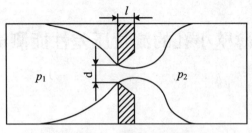

图 2.12　薄壁小孔结构图

图 2.13　薄壁小孔实物图

$$\Delta p = p_1 - p_2$$

理论上,薄壁小孔前后压差 Δp 与通过薄壁小孔 q 之间的关系可由下式计算:

$$q = C_d A_0 \sqrt{\frac{2\Delta p}{\rho}}$$

式中,C_d 为薄壁小孔流量系数,为 $0.6 \sim 0.62$;A_0 为薄壁小孔几何面积;ρ 为液体密度。

三、实验步骤

① 按图 2.11 搭接薄壁小孔流量压差性能测试回路,并把二位四通电磁阀 5 的电磁铁接到控制面板的 YA1 上。

② 启动电机,调节溢流阀 2,使泵出口压力表(p_0)显示值适当(由被测元件液阻特长决定)。

③ 根据测试流量范围,由小到大设置流量测量点(一般为 10 个测量点)。

④ 按下 YA1 控制按钮给二位四通电磁阀 5 的电磁铁通电,调节节流阀 9,同时观察流量计,使其在流量测量点最小值附近。

⑤ 观察压力表 6(p_1)、压力表 8(p_2),并记录此时压力 p_1、p_2 及流量 q 的值。

⑥ 调节节流阀 2,同时观察流量计,使在下一个测量点附近,重复操作第⑤步,至测试完成。

注意:测试操作必须按预设的流量测量点由小到大进行操作。

四、实验结果

实验条件:孔径 $d =$ _____mm;孔长 $l =$ _____mm;油液牌号_____;油液温度_____℃;液体动力黏度 $\mu =$ _____;油泵调定压力 $p_0 =$ _____MPa。

将测量的数据填入表 2.8 中。

表 2.8　实验数据记录表

内容\数据\次数	压力		压力差	流量对照	
	p_1	p_2	$\Delta p = p_1 - p_2$	实测值	理论值
1					
2					
3					
4					
5					
6					
7					
8					
9					
10					

五、实验总结

① 根据实验记录数据及计算数据,用算术坐标纸绘出 Δp-q 特性曲线图,并与理论计算特性曲线进行比较。

② 简述薄壁小孔在液压元件中的应用。

2.7　环形缝隙的流量压差性能测试实验

一、实验目的

① 了解环形缝隙的液阻特性和测试装置。

② 掌握环形缝隙的流量特性测试原理和测试方法。

③ 比较和分析实际流量特性、理论流量特性的差别。

二、实验原理及内容

1. 实验原理

环形缝隙的流量压差性能测试实验原理图如图 2.14 所示。

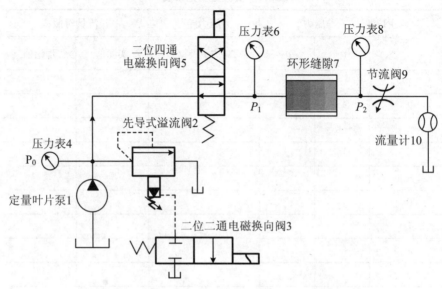

图 2.14　环形缝隙的流量压差性能测试实验原理图

2. 实验内容

液压装置的各零件之间,特别是有相对运动的零件之间,一般都存在缝隙(间隙)。油液流经缝隙就会产生泄漏,这就是缝隙流量。由于缝隙通道狭窄,液流受壁面的影响较大,故缝隙液流均为层流。

缝隙流动有两种状况,一种是形成缝隙的两壁面做相对运动所造成的流动,称剪切流动;另一种是由缝隙两端的压力差造成的流动,称压差流动。本实验主要为压差流动实验。

环形缝隙结构图和实物图分别如图 2.15 和图 2.16 所示。在实际动作中,环形缝隙主要体现在:柱塞泵中的柱塞与柱塞孔的间隙,各种阀的阀芯与阀体之间的间隙等。

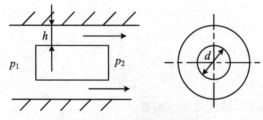

图 2.15　环形缝隙结构图

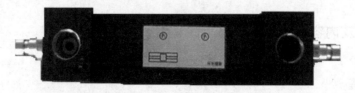

图 2.16　环形缝隙实物图

测试环形缝隙的流量压差特性时,将环形缝隙试件置于实验油路中,通过节流阀 9 的调整,由小到大逐点改变通过试件的流量,测量记录薄壁小孔入口压力 p_1(MPa)、流量 q(L/min),将测试数据绘制 $\triangle p$-q 特性曲线:

$$\triangle p = p_1 - p_2$$

理论上,环形缝隙前后压差 $\triangle p$ 与通过环形缝隙 q 之间的关系可由下式计算:

$$q = \frac{bh^3}{12\mu L}\triangle p, \quad h = \frac{D - d}{2}$$

式中,μ 为液体动力黏度;b 为缝隙宽度,$b = \pi d$;L 为缝隙长度;h 为缝隙高度;D 为套筒直径;d 为柱塞直径;$\triangle p$ 为压差。

三、实验步骤

① 按图 2.14 搭接环形缝隙的流量压差性能测试回路,并把二位四通电磁阀 5 的电磁铁接到控制面板的 YA1 上。

② 启动电机,调节溢流阀 2,使泵出口压力表(p_0)显示值适当(由被测元件液阻特长决定)。

③ 根据测试流量范围,由小到大设置流量测量点(一般为 10 个测量点)。

④ 按下 YA1 控制按钮给二位四通电磁阀 5 的电磁铁通电,调节节流阀 9,同时观察流量计,使其在流量测量点最小值附近。

⑤ 观察压力表 6(p_1)、压力表 8(p_2),并记录此时压力 p_1、p_2 及流量 q 的值。

⑥ 调节节流阀 2,同时观察流量计,使在下一个测量点附近,重复操作第⑤步,至测试完成。

注意:测试操作必须按预设的流量测量点由小到大进行操作。

四、实验结果

实验条件:缝隙高度 $h =$ _____mm;圆柱体直径 $d =$ _____mm;油液牌号_____;油液温度_____℃;缝隙长度 $L =$ _____;油泵压力 $p_0 =$ _____MPa。

将测量的数据填入表 2.9 中。

表 2.9　实验数据记录表

内容 数据 次数	压力		压力差	流量对照	
	p_1	p_2	$\triangle p = p_1 - p_2$	实测值	理论值
1					
2					
3					
4					
5					
6					

续表

内容 数据 次数	压力		压力差	流量对照	
	p_1	p_2	$\Delta p = p_1 - p_2$	实测值	理论值
7					
8					
9					
10					

五、实验总结

① 根据实验记录数据及计算数据,用算术坐标纸绘出 $\Delta p\text{-}q$ 特性曲线图,并与理论计算特性曲线进行比较。

② 分析影响环形缝隙流量的因素中哪个因素是主要的?

第 3 章　液压回路的安装与调试

本章列出 16 个典型液压回路的安装与调试。通过安装、调试各种基本液压回路,加深对书本知识的认识和理解,从而真正掌握所学的内容;同时培养动手能力,运用书本理论知识解决实际问题的能力,为将来从事相关工作打下良好的基础。

3.1　两级调压回路

调压回路调定或限制液压系统的最高压力,或者使执行机构在工作过程的不同阶段实现多级压力变换。一般由溢流阀来实现这一功能。

图 3.1 为最基本的两级调压回路。其中,主溢流阀 2 的遥控口通过二位二通电磁换向阀 4 连接具有不同调定压力的远程调压阀 5。当换向阀的电磁铁得电后,换向阀右位工作,压力由阀 5 调定;当换向阀的电磁铁失电后,换向阀左位工作,由溢流阀 2 来调定系统压力。

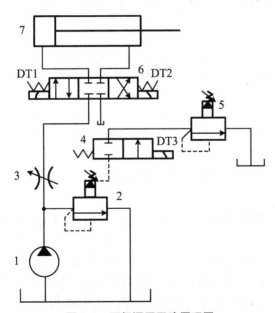

图 3.1　两级调压回路原理图

1. 泵站;2、5. 先导式溢流阀;3. 节流阀;4. 二位二通电磁换向阀;

6. 三位四通电磁换向阀;7. 液压缸

两级调压回路的安装与调试过程如下:

① 对照原理图(图3.1)和仿真图(图3.2),在实验台上连接两级调压回路系统。

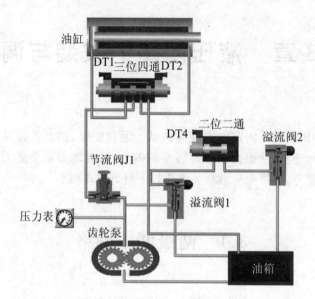

图3.2 两级调压回路仿真图

② 检查液压回路无误后启动液压泵站,把实验台上的按钮打在继电器控制状态,开始运行回路,体会动作原理。

③ 然后再把按钮打到 PLC 控制状态,打开电脑桌面"力控 PCAUTO 3.62"软件;选择"两级调压回路"运行回路,便可实现画面与实物同步的运行过程。

④ 需要停止操作时,单击"停止"按钮,再单击"退出"即可。

3.2 差动连接回路

差动连接回路是使执行元件获得尽可能大的工作速度,以提高生产率或充分利用功率。其安装与调试过程如下:

① 对照原理图(图3.3)和仿真图(图3.4),找到实验所需元器件,然后在实验台上连接差动连接回路系统。

② 检查液压回路无误后启动液压泵站,把实验台上的按钮打在继电器控制状态,开始运行回路,体会动作原理。

③ 然后再把按钮打到 PLC 控制状态,打开电脑桌面"力控 PCAUTO 3.62"软件;选择"差动连接回路"运行回路,便可实现画面与实物同步的运行过程。

④ 需要停止操作时,单击"停止"按钮,再单击"退出"即可。

观察与思考:

① 差动连接与非差动连接两种回路执行元件的速度是否有所不同?

② 三位四通换向阀的中位基能体现出什么动作形态?

③ 系统的压力是否是外负载决定的? 请用实验证明。

④ 当外负载超过系统调定压力时,执行元件的运动形态如何?

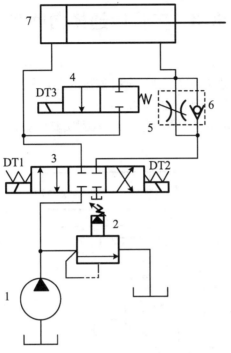

图 3.3 差动连接回路原理图

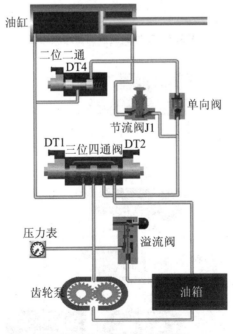

图 3.4 差动连接回路仿真图

3.3 二位四通换向回路

二位四通换向回路通过控制进入执行元件液流的变向来实现液压系统执行元件的运动方向的正、反向运动。其安装与调试过程如下：

① 对照原理图(图3.5)和仿真图(图3.6)，找到实验所需元器件，然后在实验台上连接二位四通换向回路系统。

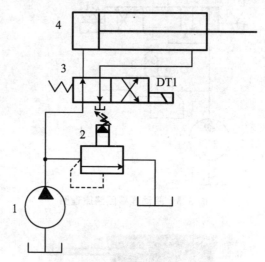

图 3.5 二位四通换向回路原理图

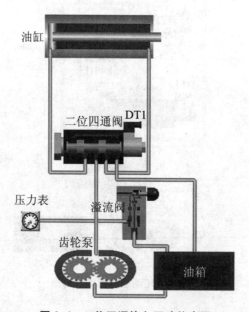

图 3.6 二位四通换向回路仿真图

② 检查液压回路无误后启动液压泵站,把实验台上的按钮打在继电器控制状态,开始运行回路,体会动作原理。

③ 然后再把按钮打到 PLC 控制状态,打开电脑桌面"力控 PCAUTO 3.62"软件;选择"二位四通换向回路"运行回路,便可实现画面与实物同步的运行过程。

④ 需要停止操作时,单击"停止"按钮,再单击"退出"即可。

3.4　节流阀换向回路

节流阀换向回路通过控制进入执行元件液流的变向及节流阀来实现液压系统执行元件的运动速度及启动、停止运动和改变运动方向。其安装与调试过程如下:

① 对照原理图(图 3.7)和仿真图(图 3.8),找到实验所需元器件,然后在实验台上连接节流阀换向回路系统。

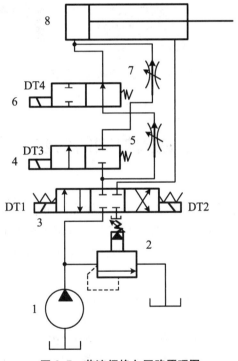

图 3.7　节流阀换向回路原理图

② 检查液压回路无误后启动液压泵站,把实验台上的按钮打在继电器控制状态,开始运行回路,体会动作原理。

③ 然后再把按钮打到 PLC 控制状态,然后打开电脑桌面"力控 PCAUTO 3.62"软件;选择"节流阀换向回路"运行回路,便可实现画面与实物同步的运行过程。

④ 需要停止操作时,单击"停止"按钮,再单击"退出"即可。

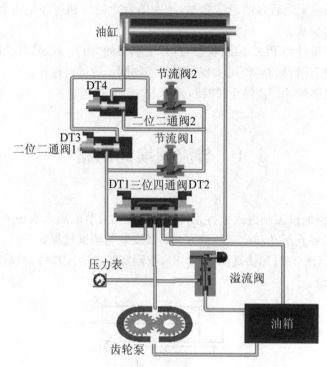

图 3.8　节流阀换向回路仿真图

3.5　节流阀控制的同步回路

　　节流阀控制的同步回路使系统中多个执行元件克服负载、摩擦阻力、泄露、制造质量和结构变形的差异,从而保证运动上的同步。其安装与调试过程如下:

　　① 对照原理图(图 3.9)和仿真图(图 3.10),找到实验所需元器件,然后在实验台上连接节流阀控制的同步回路系统。

　　② 检查液压回路无误后启动液压泵站,把实验台上的按钮打在继电器控制状态,开始运行回路,体会动作原理。

　　③ 然后再把按钮打到 PLC 控制状态,打开电脑桌面"力控 PCAUTO 3.62"软件;选择"节流阀控制的同步回路"运行回路,便可实现画面与实物同步的运行过程。

　　④ 需要停止操作时,单击"停止"按钮,再单击"退出"即可。

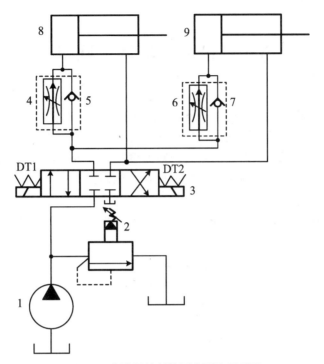

图 3.9　节流阀控制的同步回路原理图

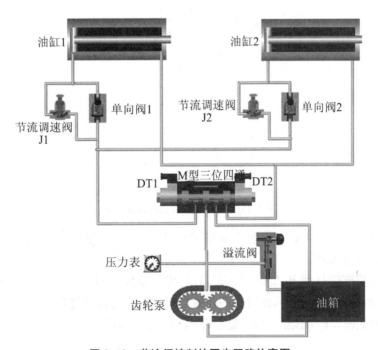

图 3.10　节流阀控制的同步回路仿真图

3.6　进油节流调速回路

　　进油节流调速回路通过控制进入液压缸的流量达到调速的目的。进油节流调速回路使用普遍,但由于执行元件的回油不受限制,所以不宜用于超负载的场合。节流阀安装在执行元件的进油路上,多用于低载、低速的场合。对速度稳定性要求不高时,可采用进油节流调速;对速度稳定性要求较高时,应采用调速阀调速。该回路效率低,功率损失大。其安装与调试过程如下:

　　① 对照原理图(图 3.11)和仿真图(图 3.12),找到实验所需元器件,然后在实验台上连接进油节流调速回路系统。

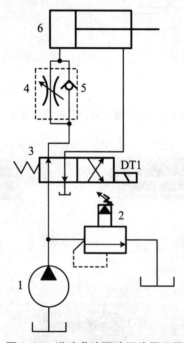

图 3.11　进油节流调速回路原理图

　　② 检查液压回路无误后启动液压泵站,把实验台上的按钮打在继电器控制状态,开始运行回路,体会动作原理。

　　③ 然后再把按钮打到 PLC 控制状态,打开电脑桌面"力控 PCAUTO 3.62"软件;选择"进油节流调速回路"运行回路,便可实现画面与实物同步的运行过程。

　　④ 需要停止操作时,单击"停止"按钮,再单击"退出"即可。

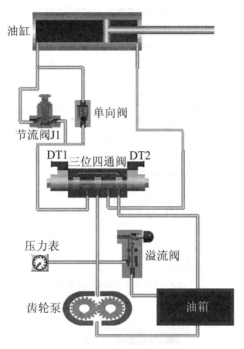

图 3.12　进油节流调速回路仿真图

3.7　旁路节流调速回路

旁路节流调速回路将节流阀设置在执行元件的旁油路上,该回路采用定量泵供油,流量阀的出口接油箱,因而通过调节节流阀的开口就可以调节执行元件的速度,同时也可以调节液压泵流回油箱流量的多少,从而起到溢流调速的作用;但这种调速的速度刚性比较差,应用较少。其安装与调试过程如下:

① 对照原理图(图 3.13)和仿真图(图 3.14),找到实验所需元器件,然后在实验台上连接旁路节流调速回路系统。

② 检查液压回路无误后启动液压泵站,把实验台上的按钮打在继电器控制状态,开始运行回路,体会动作原理。

③ 然后再把按钮打到 PLC 控制状态,打开电脑桌面"力控 PCAUTO 3.62"软件;选择"旁路节流调速回路"运行回路,便可实现画面与实物同步的运行过程。

④ 需要停止操作时,单击"停止"按钮,再单击"退出"即可。

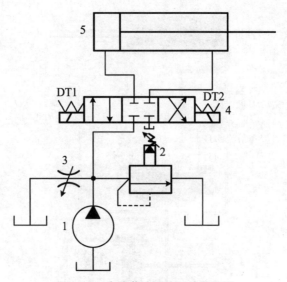

图 3.13　旁路节流调速回路原理图

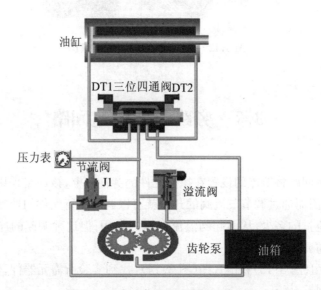

图 3.14　旁路节流调速回路仿真图

3.8　三位四通换向阀回路

　　三位四通换向阀回路通过控制进入执行元件液流的方向来实现液压系统执行元件的前进、停止和后退,一般采用"O"形中位的换向阀来实现。其安装与调试过程如下:

　　① 对照原理图(图 3.15)和仿真图(图 3.16),找到实验所需元器件,然后在实验台上连接三位四通换向阀回路系统。

　　② 检查液压回路无误后启动液压泵站,把实验台上的按钮打在继电器控制状态,开始

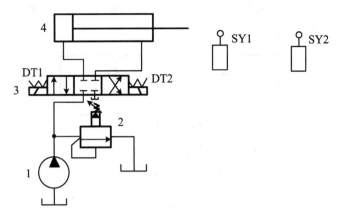

图 3.15　三位四通换向回路原理图

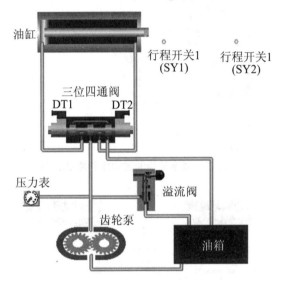

图 3.16　三位四通换向回路仿真图

运行回路,体会动作原理。

③ 然后再把按钮打到 PLC 控制状态,打开电脑桌面"力控 PCAUTO 3.62"软件;选择"三位四通换向阀回路"运行回路,便可实现画面与实物同步的运行过程。

④ 需要停止操作时,单击"停止"按钮,再单击"退出"即可。

3.9　顺序阀控制的顺序回路

液压缸严格地按给定顺序动作的回路称为顺序控制回路。这种回路在机械制造等行业应用普遍,如组合机床回转工作台的抬起和转位,加紧机构的定位和加紧等,都必须按固定的顺序运动。执行元件的顺序动作时间长短通过设置顺序的开启压力大小来实现。顺序阀控制的顺序回路的安装调试过程如下:

① 对照原理图(图 3.17)和仿真图(图 3.18),找到实验所需元器件,然后在实验台上连接三位四通换向阀回路系统。

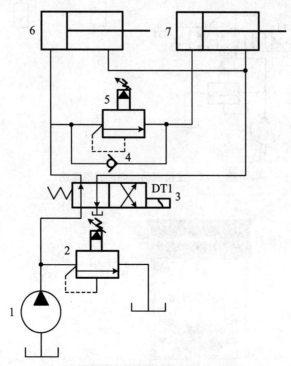

图 3.17　顺序阀控制的顺序回路原理图

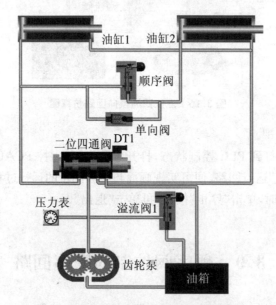

图 3.18　顺序阀控制的顺序回路仿真图

② 检查液压回路无误后启动液压泵站,把实验台上的按钮打在继电器控制状态,开始运行回路,体会动作原理。

③ 然后再把按钮打到 PLC 控制状态,打开电脑桌面"力控 PCAUTO 3.62"软件;选择

"顺序阀控制的顺序回路"运行回路,便可实现画面与实物同步的运行过程。

④ 需要停止操作时,单击"停止"按钮,再单击"退出"即可。

3.10　压力继电器控制的顺序动作回路

在压力继电器控制的顺序动作回路中压力继电器是将油液的压力信号转换成电信号的电液转换元件,当控制压力达到压力继电器设置的压力时,发出电信号来控制电磁换向阀换向,以实现执行元件的顺序动作。压力继电器控制的顺序动作回路一般用在油路转换、泵的加载或卸荷、系统安全保护、顺序动作及连锁等,其安装与调试过程如下:

① 对照原理图(图 3.19)和仿真图(图 3.20),找到实验所需元器件,然后在实验台上连接压力继电器控制顺序动作回路系统。

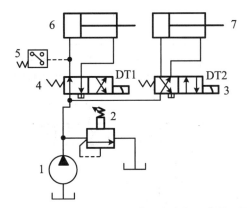

图 3.19　压力继电器控制的顺序动作回路原理图

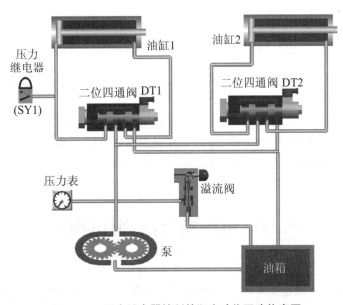

图 3.20　压力继电器控制的顺序动作回路仿真图

② 检查液压回路无误后启动液压泵站,把实验台上的按钮打在继电器控制状态,开始运行回路,体会动作原理。

③ 然后再把按钮打到 PLC 控制状态,打开电脑桌面"力控 PCAUTO 3.62"软件;选择"压力继电器控制顺序动作回路"运行回路,便可实现画面与实物同步的运行过程。

④ 需要停止操作时,单击"停止"按钮,再单击"退出"即可。

3.11　行程开关控制的顺序回路

行程开关控制的顺序回路是指采用行程开关控制电磁换向阀的顺序动作的回路。其安装与调试过程如下:

① 对照原理图(图 3.21)和仿真图(图 3.22),找到实验所需元器件,然后在实验台上连接行程开关控制顺序回路系统。

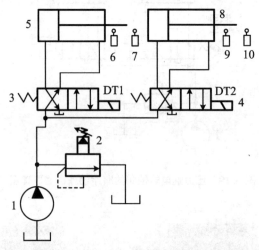

图 3.21　行程开关控制的顺序动作回路原理图

② 检查液压回路无误后启动液压泵站,把实验台上的按钮打在继电器控制状态,开始运行回路,体会动作原理。

③ 然后再把按钮打到 PLC 控制状态,打开电脑桌面"力控 PCAUTO 3.62"软件;选择"行程开关控制的顺序回路"运行回路,便可实现画面与实物同步的运行过程。

④ 需要停止操作时,单击"停止"按钮,再单击"退出"即可。

3.12　电磁换向阀卸压回路

电磁换向阀卸压回路是指采用电磁换向阀控制卸压的一种回路,当系统压力达到压力继电器设置压力时,给二位二通电磁换向阀信号,使其通电换向阀导通,系统处于卸荷状态。

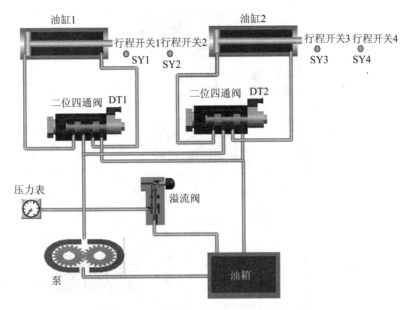

图 3.22　行程开关控制的顺序动作回路仿真图

其安装与调试过程如下：

① 对照原理图(图 3.23)和仿真图(图 3.24)，找到实验所需元器件，然后在实验台上连接电磁换向阀卸压回路系统。

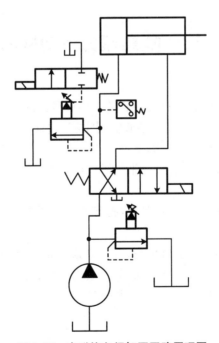

图 3.23　电磁换向阀卸压回路原理图

② 检查液压回路无误后启动液压泵站，把实验台上的按钮打在继电器控制状态，开始运行回路，体会动作原理。

③ 然后再把按钮打到 PLC 控制状态，打开电脑桌面"力控 PCAUTO 3.62"软件；选择

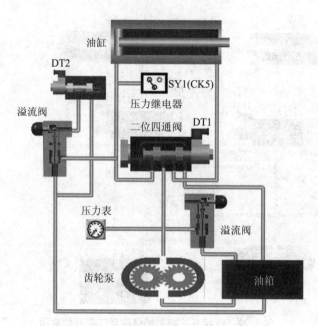

图 3.24　电磁换向阀卸压回路仿真图

"电磁换向阀卸压回路"运行回路,便可实现画面与实物同步的运行过程。

④ 需要停止操作时,单击"停止"按钮,再单击"退出"即可。

3.13　隔离压力波动回路

隔离压力波动回路是指采用溢流阀控制的一种液压控制回路,当系统压力过高,达到进油路上设置的溢流阀的压力时,溢流阀导通实现溢流,这样可以降低压力的波动,起到稳定系统压力的作用。其安装与调试过程如下:

① 对照原理图(图 3.25)和仿真图(图 3.26),找到实验所需元器件,然后在实验台上连接隔离压力波动回路系统。

② 检查液压回路无误后启动液压泵站,把实验台上的按钮打在继电器控制状态,开始运行回路,验证动作原理。

③ 然后再把按钮打到 PLC 控制状态,打开电脑桌面"力控 PCAUTO 3.62"软件;选择"隔离压力波动回路"运行回路,便可实现画面与实物同步的运行过程。

④ 需要停止操作时,单击"停止"按钮,再单击"退出"即可。

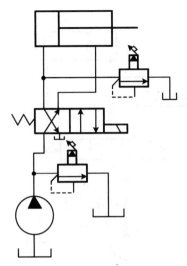

图 3.25　隔离压力波动回路实物图

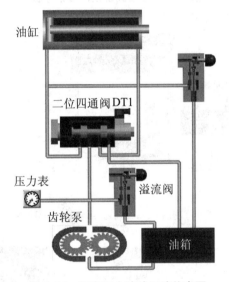

图 3.26　隔离压力波动回路仿真图

3.14　快慢速切换回路

快慢速切换回路在不同的工作阶段要求不同的运动速度和承受不同的负载。当其工作在一个循环过程中时,空行程的速度一般较高。因此,在液压系统中,常根据工作阶段要求的运动速度和承受的负载来决定液压泵的流量和压力,然后在不增加功率消耗的情况下,采用快速回路来提高工作机构的空行程速度。快速回路的特点是负载小,流量大;慢速回路的特点是负载大,流量小。快慢速切换回路的安装与调试过程如下:

① 对照原理图(图 3.27)和仿真图(图 3.28),找到实验所需元器件,然后在实验台上连

接快慢速切换回路系统。

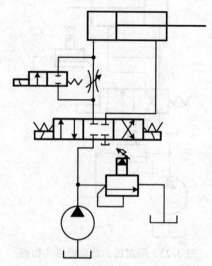

图 3.27　快慢速切换回路原理图

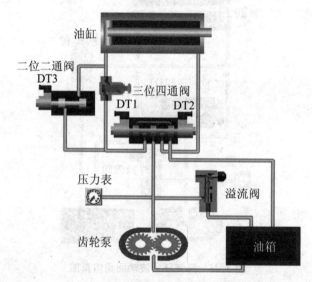

图 3.28　快慢速切换回路仿真图

②　检查液压回路无误后启动液压泵站,把实验台上的按钮打在继电器控制状态,开始运行回路,体会动作原理。

③　然后再把按钮打到 PLC 控制状态,打开电脑桌面"力控 PCAUTO 3.62"软件;选择"快慢速切换回路"运行回路,便可实现画面与实物同步的运行过程。

④　需要停止操作时,单击"停止"按钮,再单击"退出"即可。

3.15　平　衡　回　路

为了防止垂直油缸及其工作部件因自重自行下落,或在下行运动中因自重造成失控、失速,常设平衡阀。图 3.29 为单向顺序阀组成的平衡回路,只有当液压泵向油缸上腔供油对活塞施加压力,使油缸下腔产生的油压高于顺序阀设定的压力时,油缸才能下行。其安装与调试过程如下:

① 对照原理图(图 3.29)和仿真图(图 3.30),找到实验所需元器件,然后在实验台上连接行程开关控制顺序回路系统。

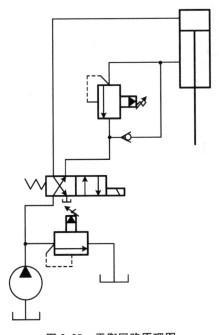

图 3.29　平衡回路原理图

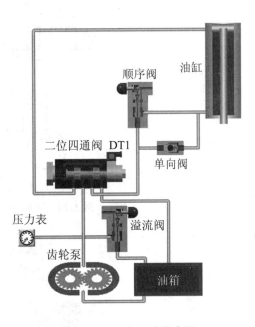

图 3.30　平衡回路仿真图

② 检查液压回路无误后启动液压泵站,把实验台上的按钮打在继电器控制状态,开始运行回路,体会动作原理。

③ 然后再把按钮打到 PLC 控制状态,打开电脑桌面"力控 PCAUTO 3.62"软件;选择"平衡回路"运行回路,便可实现画面与实物同步的运行过程。

④ 需要停止操作时,单击"停止"按钮,再单击"退出"即可。

3.16　液控单向阀保压回路

液控单向阀保压回路对系统中油液的泄漏通过蓄能器放出的压力油进行补偿。当系统中的压力过低时,压力继电器使电磁阀切断油泵油液直接回油箱的管路,于是油泵输出的油压迅速升高,当其大于蓄能器中的压力时,便推开单向阀又向系统和蓄能器输送压力油,直到系统的压力达到需要的数值时,油泵又卸荷。如此作用下去,便可保持系统的压力在某个数值附近,而油泵又处于卸荷状态。其安装与调试过程如下:

　①　对照原理图(图3.31)和仿真图(图3.32),找到实验所需元器件,然后在实验台上连接行程开关控制顺序回路系统。

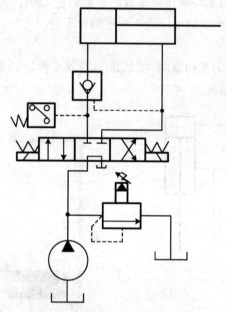

图3.31　液控单向阀保压回路原理图

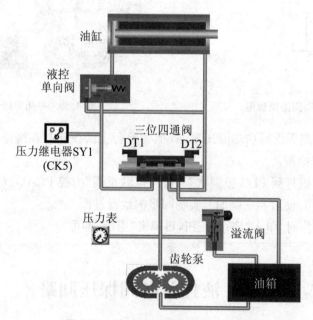

图3.32　液控单向阀保压回路仿真图

② 检查液压回路无误后启动液压泵站,把实验台上的按钮打在继电器控制状态,开始运行回路,体会动作原理。

③ 然后再把按钮打到 PLC 控制状态,打开电脑桌面"力控 PCAUTO 3.62"软件;选择"液控单向阀保压回路"运行回路,便可实现画面与实物同步的运行过程。

④ 需要停止操作时,单击"停止"按钮,再单击"退出"即可。

第 4 章　气压回路的安装与调试

4.1　QCS－A 型单面气压传动实验台简介

QCS－A 型单面气压传动实验台是根据《液压与气压传动》《气动控制技术》等通用教材设计而成的,集可编程控制和各种真实的气压元件、各执行元件为一体,除可进行常规的气动基本控制实验外,还可进行模拟气动控制技术应用实验、气动技术课程设计等。采用 PLC 控制方式,可从学习简单的 PLC 指导编程、梯形图编程,深入到 PLC 控制的应用,可用计算机通讯、在线调试等实验功能,能完美结合气动控制技术和电气 PLC 控制技术,适用于机电一体化等专业的实训实验。

一、QCS－A 型单面气压传动实验台

QCS－A 型单面气压传动实验台的实物图如图 4.1 所示。实验特点如下:
① 实验台的电气控制配置了 PLC 手持编程器。
② 实验台具有计算机通讯接口,可与 PLC 手持编程器相连控制。
③ 实验台采用了 T 型铝合金型材制作,经久耐用、美观大方。
④ 气动元件安装在特殊设计的模块上,可以随意地组合搭接各种实验回路。
⑤ 气源采用无油静音空气压缩机提供,具有噪音低的特点,气体无油无味,清洁干燥。

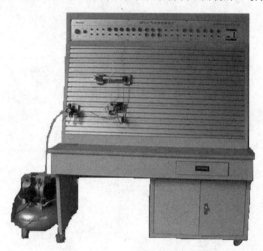

图 4.1　QCS－A 型单面气压传动实验台实物图

二、QCS - A 型单面气压传动实验台操作面板简介

QCS - A 型单面气压传动实验台的操作面板实物如图 4.2 所示。

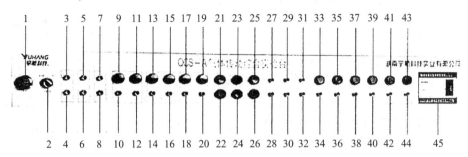

图 4.2　操作面板实物图

QCS - A 型单面气压传动实验台操作面板简介如表 4.1 所示。

表 4.1　QCS - A 型单面气压传动实验台操作面板简介

序号	元器件名称	序号	元器件名称
1	总停	24	停Ⅱ按钮
2	转换开关	25	开Ⅲ按钮
3	JⅠ组四芯插座	26	停Ⅲ按钮
4	JⅠ组四芯插座	27	PⅠ组四芯插座
5	JⅡ组四芯插座	28	PⅠ组四芯插座
6	JⅡ组四芯插座	29	PⅡ组四芯插座
7	JⅢ组四芯插座	30	PⅡ组四芯插座
8	JⅢ组四芯插座	31	PⅢ组四芯插座
9	指示灯	32	PⅢ组四芯插座
10	Ⅰ左组两芯插座	33	G1 按钮
11	指示灯	34	G1 两芯插座
12	Ⅰ右组两芯插座	35	G2 按钮
13	指示灯	36	G2 两芯插座
14	Ⅱ组左组两芯插座	37	G3 按钮
15	指示灯	38	G3 两芯插座
16	Ⅱ组右组两芯插座	39	G4 按钮
17	指示灯	40	G4 两芯插座
18	Ⅲ组左组两芯插座	41	G5 按钮
19	指示灯	42	G5 两芯插座
20	Ⅲ组右组两芯插座	43	G6 按钮
21	开Ⅰ按钮	44	G5 两芯插座
22	停Ⅰ按钮	45	PLC 可编程控制器
23	开Ⅱ按钮		

三、QCS‑A 型气压传动测试实验台操作注意事项

① 在实验回路连接好后,确保回路连接无误后再通电,启动气泵。

② 实验面板为 T 型槽结构,气压元件均配有可方便安装的过渡板,实验时只需将元件挂在 T 型槽中即可。

③ 实验回路连接均采用开闭式快换接头。实验时应确保接头连接到位、可靠。

④ 实验台的电器控制部分,分为继电器控制部分和 PLC 控制部分,可通过转换开关方便转换。

⑤ 因实验元器件结构和用材的特殊性,在实验的过程中务必注意轻拿、轻放、防止碰撞,在回路实验过程中,确认安装无误后才能进行加压实验。

⑥ 做实验前必须熟悉元器件的工作原理和动作,掌握快速组合的方法;坚决禁止强行拆卸,不要强行旋扭各种元器件的手柄,以免造成人为的损坏。

⑦ 做实验时,不应将压力调的太高(正常工作压力一般为 0.3～0.5 MPa)。

⑧ 在使用本系统之前,一定要了解气压传动实验准则,了解本实验系统的操作规程,在实验老师的指导下进行,切勿盲目进行实验。

⑨ 在实验过程中,若发现回路中任何一处有问题,此时应立即关闭电源,只有当回路释压后才能重新进行实验。

⑩ 实验完毕后,要清理好元器件;注意元件的保养与实验台的整洁。

4.2 常见气压回路的安装与调试

4.2.1 单作用气缸换向回路

一、实验目的

① 理解气动系统中换向阀的作用及气动换向阀、单电磁换向阀、双电磁换向阀的动作条件。

② 掌握单作用气缸伸出与返回条件。

二、实验设备

模块化创意气动实验台(配相应空压机 1 台);手持编程器 1 台;通信电缆 1 根。

三、实验内容

1．参考气动原理

单作用气缸换向回路原理图如图 4.3 所示。

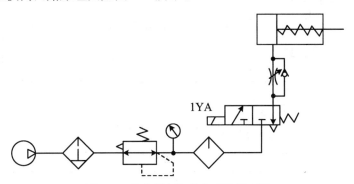

1YA

图 4.3　单作用气缸换向回路原理图

2．系统所用元器件

空压机 1 台；气动三联件 1 个；单电控换向阀 1 个；单作用气缸 1 个；连接管道、接口若干（4 根）。

3．动作控制要求

① 按下 S2（开Ⅰ）按钮，气缸启动向前伸出。

② 按下 S4（开Ⅱ）按钮，气缸换向向后退回。

③ 气缸在前进和后退过程中有相应指示灯显示。

4．输入/输出（I/O）口分配及电磁阀动作顺序

输入/输出（I/O）口分配及电磁阀动作顺序分别如表 4.2 和表 4.3 所示。

表 4.2　输入口分配表

输入	状态	动作	按钮位置
X000	S2（开Ⅰ）	前进	开Ⅰ
X002	S4（开Ⅱ）	后退	开Ⅱ

表 4.3　输出口及电磁阀动作顺序表

输出	动作	电磁阀位置
Y002	电磁阀 1YA（Ⅰ左）＋	Ⅰ左
Y002	前进灯亮	Ⅰ左上
Y003	后退灯亮	Ⅰ右

5. PLC 参考程序

单作用气缸换向回路梯形图如图 4.4 所示,语句表如表 4.4 所示。

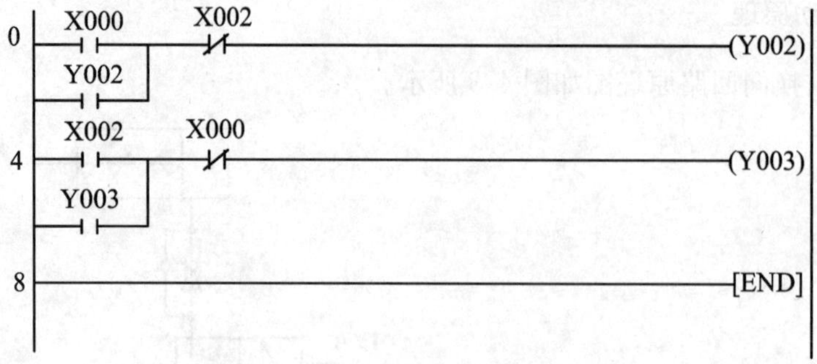

图 4.4　单作用气缸换向回路梯形图

表 4.4　语句表

00	LD	X000
01	OR	Y002
02	ANI	X002
03	OUT	Y002
04	LD	X002
05	OR	Y003
06	ANI	X000
07	OUT	Y003
08	END	

6. 调试并运行程序,检查运行结果

四、思考与练习

① 设计全气控单作用气缸换向回路或改用继电器控制单元。
② 比较气动换向阀与电磁换向阀的区别、PLC 控制单元与继电器控制单元的特点。

4.2.2　双作用气缸换向回路

一、实验目的

① 理解气动系统中换向阀的作用及气动换向阀、电磁换向阀的动作条件。
② 掌握双作用气缸伸出与返回的条件。

二、实验设备

模块化气动实验台(配相应的空压机 1 台);手持编程器 1 台;通信电缆 1 根。

三、实验内容

1. 参考气动原理

双作用气缸换向回路原理图如图 4.5 所示。

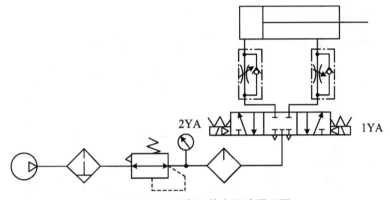

图 4.5　双作用气缸换向回路原理图

2. 系统所需元器件

空压机 1 台;三位五通电磁换向阀 1 个;气动三联件 1 个;单向节流阀 2 个;双作用气缸 1 个;连接管道若干。

3. 动作控制要求

① 按下 S2(开工)按钮,气缸启动向前伸出。
② 按下 S(开Ⅱ)按钮,气缸向后退回。
③ 按下 S6(开Ⅲ)按钮,气缸任意位置停止。
④ 气缸在前进和后退过程中有相应指示灯显示。

4. 输入/输出(I/O)口分配及电磁阀动作顺序

输入/输出(I/O)口分配及电磁阀动作顺序分别如表 4.5 和表 4.6 所示。

表 4.5　输入口分配表

输入	状态	动作	按钮位置
X000	S2(开Ⅰ)	前进	开Ⅰ
X002	S4(开Ⅱ)	后退	开Ⅱ
X004	S6(开Ⅲ)	停止	开Ⅲ

表 4.6　输出口及电磁阀动作顺序表

输出	状态	电磁阀位置
Y002	前进灯亮	Ⅰ左上
Y002	前进 1YA（Ⅰ左）＋	Ⅰ左
Y003	后退 2YA（Ⅰ右）＋	Ⅰ右
Y003	后退灯亮	Ⅰ右上
Y004	停止灯亮	Ⅱ左上

注：1YA（Ⅰ左）、2YA（Ⅰ右）互锁。

5. PLC 参考程序

双作用气缸换向回路梯形图如图 4.6 所示，语句表如表 4.7 所示。

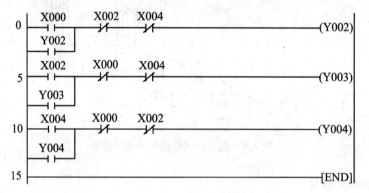

图 4.6　双作用气缸换向回路梯形图

表 4.7　语句表

00	LD	X000	08	ANI	X004
01	OR	Y002	09	OUT	Y003
02	ANI	X002	10	LD	X004
03	ANI	X004	11	OR	Y004
04	OUT	Y002	12	ANI	X000
05	LD	X002	13	ANI	X002
06	OR	Y003	14	OUT	Y004
07	ANI	X000	15	END	

6. 调试并运行程序，检查运行结果

四、思考与练习

① 设计全气控双作用气缸换向回路或改用继电器控制单元。

② 比较气动换向阀与电磁换向阀的区别、PLC 控制单元与继电器控制单元的特点。

4.2.3　单作用气缸(单向及双向)调速回路

一、实验目的

① 理解气动系统中节流阀的作用及节流阀调速的(比较节流阀安装的不同对调速结果的影响)调节方法。

② 掌握单作用气缸变速的工作原理。

二、实验设备

模块化气动实验台(配相应的空压机 1 台);手持编程器 1 台;通信电缆 1 根。

三、实验内容

1. 参考气动原理

(1) 单作用气缸单向调速回路

单作用气缸单向调速回路原理图如图 4.7 所示。

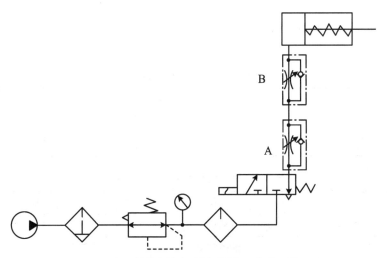

图 4.7　单作用气缸单向调速回路原理图

（2）双作用气缸双向调速回路

双作用气缸双向调速回路原理图如图4.8所示。

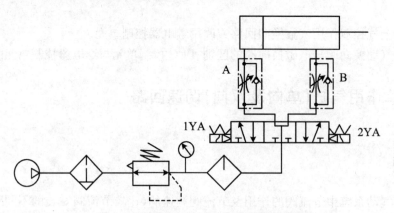

图4.8　双作用气缸双向调速回路原理图

2. 系统所需元器件

空压机1台；三位五通电磁换向阀1个；气动三联件1个；单向节流阀2个；双作用气缸1个；连接管道若干。

3. 动作控制要求

① 按下S2(开Ⅰ)按钮，气缸启动向前伸出。

② 按下S4(开Ⅱ)按钮，气缸向后退回。

③ 气缸在前进和后退过程中有相应指示灯显示。

④ 在运动或停止过程中调速并测定速度。

4. 输入/输出(I/O)口分配及电磁阀动作顺序

（1）单作用气缸单向调速回路

单作用气缸单向调速回路的输入/输出(I/O)口分配及电磁阀动作顺序分别如表4.8和表4.9所示。

表4.8　输入口分配表

输入	状态	动作	按钮位置
X000	S2(开Ⅰ)	前进	开Ⅰ
X002	S4(开Ⅱ)	后退	开Ⅱ

表4.9　输出口及电磁阀动作顺序表

输出	动作	电磁阀位置
Y002	电磁铁1YA(Ⅰ左)＋	Ⅰ左
Y002	前进灯亮	Ⅰ左上
Y003	后退灯亮	Ⅰ右

注：1YA(Ⅰ左)、2YA(Ⅰ右)互锁。

（2）双作用气缸双向调速回路

双作用气缸双向调速回路的输入/输出（I/O）口分配及电磁阀动作顺序分别如表 4.10 和表 4.11 所示。

表 4.10　输入口分配表

输入	状态	动作	按钮位置
X004	S6（开Ⅲ）	停止	开Ⅲ
X000	S2（开Ⅰ）	前进	开Ⅰ
X002	S4（开Ⅱ）	后退	开Ⅱ

表 4.11　输出口及电磁阀动作顺序表

输出	动作	电磁阀位置
Y004	停止灯亮	Ⅱ左上
Y002	前进1YA（Ⅰ左）+	Ⅰ左
Y003	后退2YA（Ⅰ右）+	Ⅰ右
Y002	前进灯亮	Ⅰ左上
Y003	后退灯亮	Ⅰ右上

注：1YA（Ⅰ左）、2YA（Ⅰ右）互锁。

5. PLC 参考程序

（1）单作用气缸单向调速回路

单作用气缸单向调速回路梯形图如图 4.9 所示，语句表如表 4.12 所示。

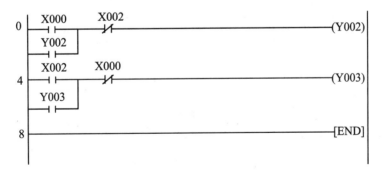

图 4.9　单作用气缸单向调速回路梯形图

表 4.12　单作用气缸单向调速回路语句表

00	LD	X000
01	OR	Y002
02	ANI	X002
03	OUT	Y002

续表

04	LD	X002
05	OR	Y003
06	ANI	X000
07	OUT	Y003
08	END	

（2）双作用气缸双向调速回路

双作用气缸双向调速回路梯形图如图4.10所示，语句表如表4.13所示。

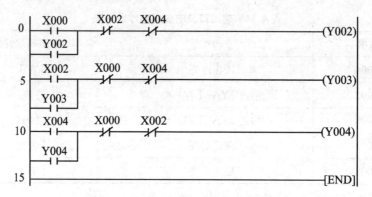

图4.10　双作用气缸双向调速回路梯形图

表4.13　双作用气缸双向调速回路语句表

00	LD	X000	08	ANI	X004
01	OR	Y002	09	OUT	Y003
02	ANI	X002	10	LD	X004
03	ANI	X004	11	OR	Y004
04	OUT	Y002	12	ANI	X000
05	LD	X002	13	ANI	X002
06	OR	Y003	14	OUT	Y004
07	ANI	X000	15	END	

6. 调试并运行程序，检查运行结果

四、思考与练习

请在该实验台上设计2或3种不同的单作用气缸调速回路，并运行观察。

4.2.4 双作用气缸(单向及双向)调速回路

一、实验目的

① 理解气动系统中节流阀的作用及节流阀调速的(比较节流阀安装的不同对调速结果的影响)调节方法。

② 掌握双作用气缸变速的工作原理。

二、实验设备

模块化气动实验台(配相应的空压机 1 台);手持编程器 1 台;通信电缆 1 根。

三、实验内容

1. 参考气动原理

(1) 双作用气缸单向调速回路

双作用气缸单向调速回路原理图如图 4.11 所示。

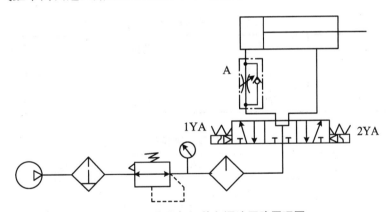

图 4.11 双作用气缸单向调速回路原理图

(2) 双作用气缸双向调速回路

双作用气缸双向调速回路原理图如图 4.12 所示。

2. 系统所需元器件

空压机 1 台;三位五通电磁换向阀 1 个;气动三联件 1 个;单向节流阀 2 个;双作用气缸 1 个;连接管道若干。

3. 动作控制要求

① 按下 S2(开 I)按钮,气缸启动向前伸出。

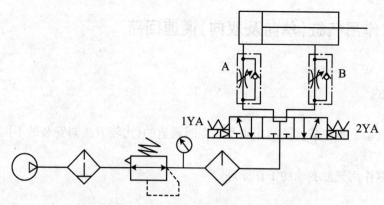

图 4.12　双作用气缸双向调速回路原理图

② 按下 S4(开Ⅱ)按钮,气缸向后退回。

③ 按下 S6(开Ⅲ)按钮,气缸停止。

④ 气缸在前进和后退过程中有相应指示灯显示。

⑤ 在运动或停止过程中调速并测定速度。

4. 输入/输出(I/O)口分配及电磁阀动作顺序

(1) 双作用气缸单向调速回路

双作用气缸单向调速回路的输入/输出(I/O)口分配及电磁阀动作顺序表分别如表4.14 和表4.15。

表 4.14　输入口分配表

输入	状态	动作	按钮位置
X000	S2(开Ⅰ)	前进	开Ⅰ
X002	S4(开Ⅱ)	后退	开Ⅱ

表 4.15　输出口及电磁阀动作顺序表

输出	动作	电磁阀位置
Y002	电磁阀 1YA(Ⅰ左) +	Ⅰ左
Y002	前进灯亮	Ⅰ左上
Y003	后退灯亮	Ⅰ右

注:1YA(Ⅰ左)、2YA(Ⅰ右)互锁。

(2) 双作用气缸双向调速回路

双作用气缸双向调速回路的输入/输出(I/O)口分配及电磁阀动作顺序分别如表 4.16 和表 4.17 所示。

表 4.16　输入口分配表

输入	状态	动作	按钮位置
X004	S6(开Ⅲ)	停止	开Ⅲ
X000	S2(开Ⅰ)	前进	开Ⅰ
X002	S4(开Ⅱ)	后退	开Ⅱ

表 4.17　输出口及电磁阀动作顺序表

输出	动作	电磁阀位置
Y004	停止灯亮	Ⅱ左上
Y002	前进 1YA(Ⅰ左) +	Ⅰ左
Y003	后退 2YA(Ⅰ右) +	Ⅰ右
Y002	前进灯亮	Ⅱ左上
Y003	后退灯亮	Ⅰ右上

注：1YA(Ⅰ左)、2YA(Ⅰ右)互锁。

5. PLC 参考程序

(1) 双作用气缸单向调速回路

双作用气缸单向调速回路梯形图如图 4.13 所示，语句表如表 4.18 所示。

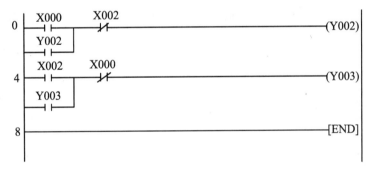

图 4.13　双作用气缸单向调速回路梯形图

表 4.18　双作用气缸单向调速回路语句表

00	LD	X000
01	OR	Y002
02	ANI	X002
03	OUT	Y002
04	LD	X002
05	OR	Y003
06	ANI	X000
07	OUT	Y003
08	END	

（2）双作用气缸双向调速回路

双作用气缸双向调速回路梯形图如图 4.14 所示，语句表如表 4.19 所示。

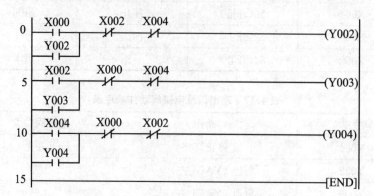

图 4.14　双作用气缸双向调速回路梯形图

表 4.19　双作用气缸双向调速回路语句表

00	LD	X000	08	ANI	X004
01	OR	Y002	09	OUT	Y003
02	ANI	X002	10	LD	X004
03	ANI	X004	11	OR	Y004
04	OUT	Y002	12	ANI	X000
05	LD	X002	13	ANI	X002
06	OR	Y003	14	OUT	Y004
07	ANI	X000	15	END	

6. 调试并运行程序，检查运行结果

四、思考与练习

请在该实验台上设计 2 或 3 种不同的双作用气缸调速回路，并运行观察。

4.2.5　双作用气缸压力控制回路

一、实验目的

① 理解气动系统中节流阀的作用、压力形成的原理及压力阀的调节方法，并与液压传动中压力的形成原理进行比较。

② 掌握如何实现不同的压力控制。

二、实验设备

模块化气动实验台(配相应的空压机 1 台);手持编程器 1 台;通信电缆 1 根。

三、实验内容

1. 参考气动原理

(1) 基本压力控制回路

基本压力控制回路原理图如图 4.15 所示。

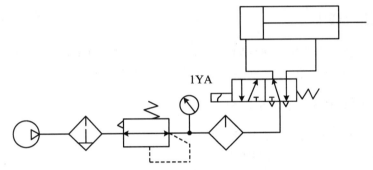

图 4.15　基本压力控制回路原理图

(2) 高低压转换回路

高低压转换回路原理图如图 4.16 所示。其中,利用 2 个调压阀和二位三通电磁阀实现在前进或后退过程中提供不同压力。

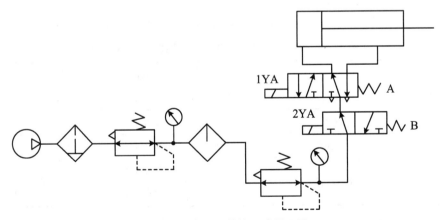

图 4.16　高低压转换回路原理图

(3) 差动工作回路

差动工作回路原理图如图 4.17 所示。其中,利用阀 A 实现前进和后退时不同的工作压力。

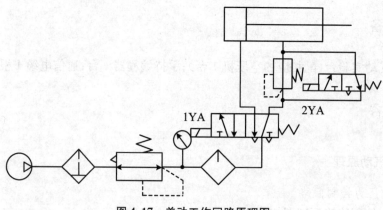

图 4.17　差动工作回路原理图

2. 系统所用元器件

空压机 1 台;单电控二位五通换向阀 1 个;气动三联件 1 个;单电控二位三通换向阀 1 个;调压阀 1 个;双作用气缸 1 个;连接管道若干;三通接头 2 个。

3. 控制要求(实验 4.2.2 和 4.2.3)

① 按下 S2(开Ⅰ)按钮,气缸启动向前伸出。
② 按下 S4(开Ⅱ)按钮,接入调压阀。
③ 按下 S3(停Ⅱ)按钮,气缸后退。
④ 气缸在运动过程中有相应指示灯显示。
⑤ 在运动或停止过程中调整压力。

4. 输入/输出(I/O)口分配及电磁阀动作顺序

输入/输出(I/O)口分配及电磁阀动作顺序如表 4.20 所示。

表 4.20　输入/输出(I/O)口分配及电磁阀动作顺序表

输入	状态	按钮位置	输出	状态	电磁阀位置
S1(停Ⅰ)	前进	停Ⅰ	1YA(1左)	+	Ⅱ左上
	后退		1YA(1左)	−	Ⅰ左
S2(开Ⅰ) S3(停Ⅱ)	对(1)(2)系统任意	开Ⅰ	2YA(1右)	+	Ⅰ右
	对(3)后退	停Ⅱ	1YA(1左)	−	Ⅱ左上
			2YA(1右)	+	Ⅰ右上

5. PLC 参考程序

(1) 参考程序 A

参考程序 A 的梯形图如图 4.18 所示,语句表如表 4.21 所示。

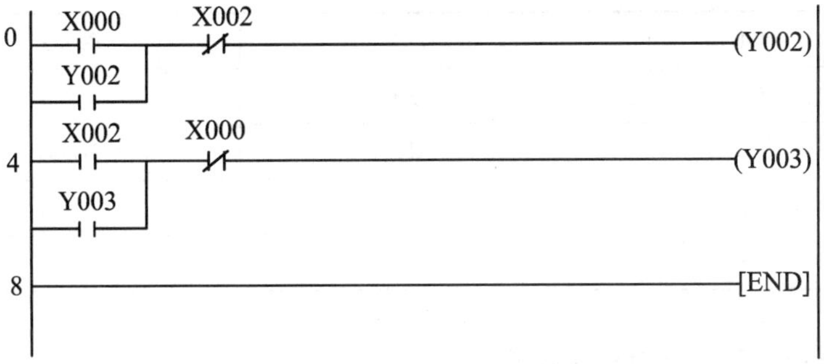

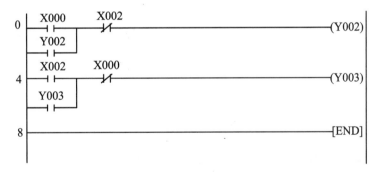

图 4.18　梯形图

表 4.21　语句表

00	LD	X000
01	OR	Y002
02	ANI	X002
03	OUT	Y002
04	LD	X002
05	OR	Y003
06	ANI	X000
07	OUT	Y003
08	END	

（2）参考程序 B

参考程序 B 的梯形图如图 4.19 所示,语句表如表 4.22 所示。

图 4.19　梯形图

表 4.22　语句表

00	LD	X000
01	OR	Y002
02	ANI	X004
03	OUT	Y002

续表

04	LD	X002
05	OR	Y003
06	ANI	X004
07	OUT	Y003
08	END	

6. 调试并运行程序,检查运行结果

四、思考与练习

请在该实验台上设计几种不同的压力控制回路。

4.2.6　单缸单次、连续自动往复控制回路

一、实验目的

① 理解气动系统中手动往复控制回路、单次自动往复控制回路、连续自动往复控制回路的实现。

② 体会行程阀、行程开关的作用和工作原理以及双电控二位阀的记忆功能。

二、实验设备

模块化气动实验台(配相应的空压机1台);手持编程器1台;通信电缆1根。

三、实验内容

1. 参考气动原理

往复控制回路(以纵控制电磁换向阀实现为例)原理如图4.20所示。

2. 系统所用元器件

空压机1台;二位五通换向阀1个;气动三联件1个;行程开关2个;双作用气缸1个;连接管道若干;三通接头2个。

3. 控制要求

(1) 手动往复控制回路

① 按下 S2(开Ⅰ)按钮,气缸向前伸出,碰到行程开关 SX2(PⅠ顶上)停止。

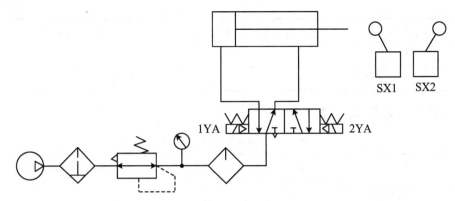

图 4.20　往复控制回路原理图

② 按下 S4(开Ⅱ)按钮,气缸向后退回,碰到行程开关 SX1(PⅠ上)停止。

③ 按下 S1(停Ⅰ)按钮,气缸任意位置停止。

(2) 单次往复控制回路

① 按下 S2(开Ⅰ)按钮,气缸向前伸出,气缸与行程开关 SX2(PⅠ顶上)返回。

② 运行到行程开关 SX1(PⅠ上)停止。

③ 按下 S1(停Ⅰ)或 S3(停Ⅱ)按钮在任意位置停止。

(3) 连续自动往复控制回路

① 按下 S2(开Ⅰ)按钮启动后,气缸与行程开关 SX1(PⅠ上),SX2(PⅠ顶上)配合,自动实现连续往复运动。

② 按下 S1(停Ⅰ)或 S3(停Ⅱ)按钮在任意位置停止。

4. 输入/输出(I/O)口分配及电磁阀动作顺序表

(1) 输入/输出(I/O)口分配

输入/输出(I/O)口分配如表 4.23 所示。

表 4.23　输入/输出(I/O)口分配表

状态	手动往复	单次往复	连续往复	按钮位置
S2(开Ⅰ)	前进	前进	前进	开Ⅰ
S4(开Ⅱ)	后退	停止	停止	开Ⅱ
S1(停Ⅰ)	停止	停止	停止	停Ⅰ

(2) 电磁阀动作顺序

① 手动往复动作顺序如表 4.24 所示。

表 4.24　手动往复动作顺序表

状态	1YA(Ⅰ左)	2YA(Ⅰ右)	SX1(PⅠ上)	SX2(PⅠ顶上)
S2(开Ⅰ)按下前进	+	−	−	−
停止	−	−	−	+
S4(开Ⅱ)按下后退	−	+	−	−

续表

状态	1YA（Ⅰ左）	2YA（Ⅰ右）	SX1（PⅠ上）	SX2（PⅠ顶上）
停止	－	－	＋	－
S1（停Ⅰ）按下停止	－	－	任意	任意

② 单次往复动作顺序如表 4.25 所示。

表 4.25　单次往复动作顺序表

状态	1YA（Ⅰ左）	2YA（Ⅰ右）	SX1（PⅠ上）	SX2（PⅠ顶上）
S2（开Ⅰ）按下启动前进	＋	－	－	－
停止	－	－	－	＋
后退	－	＋	－	－
停止	－	－	＋	－
S3（停Ⅰ）按下停止	－	－	任意	任意

③ 连续往复动作顺序如表 4.26 所示。

表 4.26　连续往复动作顺序表

状态	1YA（Ⅰ左）	2YA（Ⅰ右）	SX1（PⅠ上）	SX2（PⅠ顶上）
S2（开Ⅰ）按下启动前进	＋	－	－	－
停止	－	－	－	＋
后退	－	＋	－	－
停止	－	－	＋	－
前进	＋	－	－	－
S3（停Ⅰ）按下停止	－	－	任意	任意

注：在行列开关按到"＋"时停止时间可考虑延时且可调。

5. PLC 参考程序

（1）手动往复参考程序

手动往复参考程序梯形图如图 4.21 所示，语句表如表 4.27 所示。

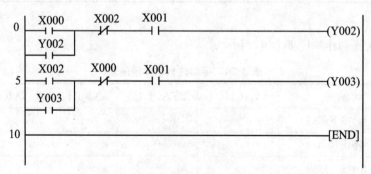

图 4.21　手动往复控制回路梯形图

表 4.27　语句表

00	LD	X000
01	OR	Y002
02	ANI	X007
03	AND	X001
04	OUT	Y002
05	LD	X002
06	OR	Y003
07	ANI	X006
08	AND	X001
09	OUT	Y003
10	END	

（2）单次往复参考程序

单次往复参考程序梯形图如图 4.22 所示，语句表如表 4.28 所示。

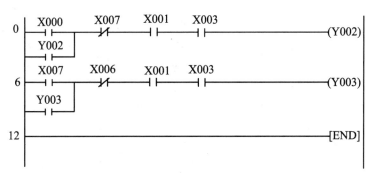

图 4.22　单次往复控制回路梯形图

表 4.28　语句表

00	LD	X000
01	OR	Y002
02	ANI	X007
03	AND	X003
04	AND	X001
05	OUT	Y002
06	LD	X007
07	OR	Y003
08	ANI	X006
09	AND	X003
10	AND	X001
11	OUT	Y003
12	END	

（3）连续往复参考程序

连续往复参考程序梯形图如图 4.23 所示，语句表如表 4.29 所示。

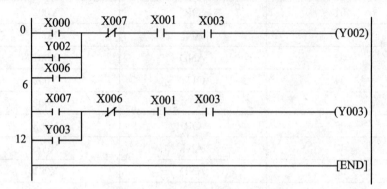

图 4.23　连续往复控制回路梯形图

表 4.29　语句表

00	LD	X000
01	OR	Y002
02	OR	X006
03	ANI	X007
04	AND	X003
05	AND	X001
06	OUT	Y002
07	LD	X007
08	OR	Y003
09	ANI	X006
10	AND	X003
11	AND	X001
12	OUT	Y003
13	END	

6. 调试并运行程序，检查运行结果

四、思考与练习

设计全气控或继电器控制的往复电路，并比较回路的构成及其特点。

4.2.7　双缸顺序动作回路

一、实验目的

① 理解气动系统中顺序动作回路的实现方法。

② 掌握如何用行程阀、行程开关与 PLC 继电输出单元、延时单元配合起来调整系统。

二、实验设备

模块化气动实验台(配相应的空压机 1 台);手持编程器 1 台;通信电缆 1 根。

三、实验内容

1. 参考气动原理

双缸顺序动作回路原理图如图 4.24 所示。

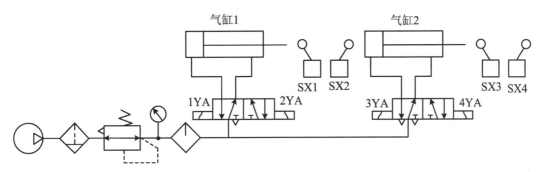

图 4.24　双缸顺序动作回路原理图

2. 系统所用元器件

空压机 1 台;双电控二位五通换向阀 2 个;气动三联件 1 个;行程开关 4 个;双作用气缸 2 个;连接管道若干。

3. 控制要求

(1) 单次自动顺序动作

① 按下 S2(开 I)按钮,气缸 1 向前伸出,压下行程开关 SX2(P I 顶上)后,气缸 2 向前伸出,压下行程开关 SX4(P II 顶上)后气缸 1 后退,压下行程开关 SX1(P I 上)后气缸 2 后退,压下行程开关 SX3(P II 上)气缸 1 伸出,关闭按确认。

② 按下 S4(开 II)按钮,气缸 1 伸出,压下行程开关 SX2(P I 顶上)后气缸 2 伸出;压下行程开关 SX4(P II 顶上)后气缸 1 后退,压下行程开关 SX1(P I 上)后气缸 2 后退,压下行程

开关 SX3(PⅡ上)气缸 1 伸出,压下行程开关 SX2(PⅠ顶上)后气缸 2 伸出,压下行程开关 SX4(PⅡ顶上)停止。

(2) 连续顺序动作

① 按下 S2(开Ⅰ)按钮启动,气缸 1 向前伸出,压下行程开关 SX2(PⅠ顶上)后气缸 2 伸出,压下行程开关 SX4(PⅡ顶上)后气缸 1 后退,压下行程开关 SX1(PⅠ上)后气缸 2 后退,压下行程开关 SX3(PⅡ上)后气缸 1 伸出。

② 按 S1(停Ⅰ)或 S3(停Ⅱ)按钮后,双缸运动停止。或者,按下 S4(开Ⅱ)按钮启动,气缸 2 向前伸出,压下 SX4(PⅡ顶上)后气缸 1 后退,压下 SX1(PⅠ上)后缸 2 后退,压下 SX3(PⅡ上)后气缸向前伸出。

4. 输入/输出(I/O)口分配及电磁阀动作顺序

(1) 输入/输出(I/O)口分配

输入/输出(I/O)口分配如表 4.30 所示。

表 4.30　输入/输出(I/O)口分配表

状态	动作	按钮位置
S2(开Ⅰ)	气缸 1 先启动前进	开Ⅰ
S1(停Ⅰ)或 S3(停Ⅱ)	双缸停止运动	停Ⅰ(SI)或停Ⅱ(S3)
S4(开Ⅱ)	气缸 2 先启动前进	开Ⅱ

(2) 电磁阀动作顺序表

电磁阀动作顺序如表 4.31 所示。

表 4.31　电磁阀动作顺序表

状态	1YA (Ⅰ左)	2YA (Ⅰ右)	SX1 (P1 上)	SX2 (P1 顶上)	3YA (Ⅱ左)	4YA (Ⅰ右)	SX3 (PⅡ上)	SX4 (PⅡ顶上)
按下 S2(开Ⅰ)缸 1 前进	+	−	任意	−	−	−	任意	任意
按下 SX2(PⅠ顶上)后,缸 1 停止	−	−	−	+	−	−	任意	任意
缸 2 前进	−	−	−	+	+	−	任意	任意
按下 SX4(PⅡ顶上)后,缸 2 停止	−	−	−	+	−	−	−	+
缸 1 后退	−	+	−	−	−	−	−	+
按下 SX1(PⅠ上)后,缸 1 停止	−	−	+	−	−	−	−	+
缸 2 后退	−	−	+	−	−	+	−	−
按下 SX3(PⅡ上)后,缸 2 停止	−	−	+	−	−	−	+	−

状态	1YA （Ⅰ左）	2YA （Ⅰ右）	SX1 （P1 上）	SX2 （P1 顶上）	3YA （Ⅱ左）	4YA （Ⅰ右）	SX3 （PⅡ上）	SX4 （PⅡ顶上）
缸 1 前进	+	−	−	−	−	−	+	−
按下 S4（开Ⅱ）缸 2 前进	−	−	任意	任意	+	−	任意	−
按下 SX4（PⅡ顶上）后,缸 2 停止	−	−	任意	任意	−	−	−	+
按下 S1（停Ⅰ），S3（停Ⅱ）停止	−	−	任意	任意	−	−	任意	任意

5．PLC 参考程序

（1）参考程序 A

参考程序 A 的梯形图如图 4.25 所示,语句表如表 4.32 所示。

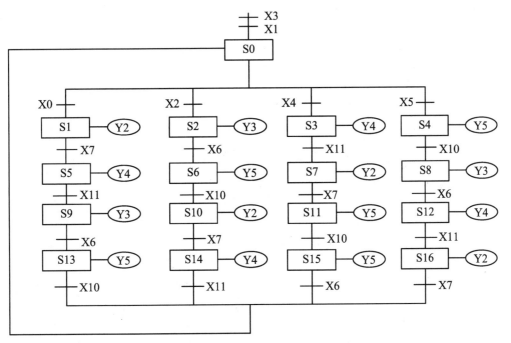

图 4.25　手动往复运动顺序回路梯形图

表 4.32　语句表

00	LD	X1	05	SET	S1	10	STL	S5	15	OUT	Y3
01	AND	X3	06	STL	S1	11	OUT	Y4	16	LD	X6
02	SET	S0	07	OUT	Y2	12	LD	X11	17	SET	S13
03	STL	S0	08	LD	X7	13	SET	S9	18	STL	S13
04	LD	X0	09	SET	S5	14	STL	S9	19	OUT	Y5

20	LD	X10	53	OUT	Y5	86	OUT	S0	119	ORI	X1
21	OUT	S0	54	LD	X10	87	STL	S2	120	OUT	S0
22	STL	S0	55	SET	S15	88	LDI	X3	121	STL	S10
23	LD	X2	56	STL	S15	89	ORI	X1	122	LDI	X3
24	SET	S2	57	OUT	Y3	90	OUT	S0	123	ORI	X1
25	STL	S2	58	LD	X6	91	STL	S3	124	OUT	S0
26	OUT	Y3	59	OUT	S0	92	LDI	X3	125	STL	S11
27	LD	X6	60	STL	S0	93	ORI	X1	126	LDI	X3
28	SET	S6	61	LDI	X5	94	OUT	S0	127	ORI	X1
29	STL	S6	62	SET	S4	95	STL	S4	128	OUT	S0
30	OUT	Y5	63	STL	S4	96	LDI	X3	129	STL	S12
31	LD	X10	64	OUT	Y5	97	ORI	X1	130	LDI	X3
32	SET	S10	65	LD	X10	98	OUT	S0	131	ORI	X1
33	STL	S10	66	SET	S8	99	STL	S5	132	OUT	S0
34	OUT	Y2	67	STL	S8	100	LDI	X3	133	STL	S13
35	LD	X7	68	OUT	Y3	101	ORI	X1	134	LDI	X3
36	SET	S14	69	LD	X6	102	OUT	S0	135	ORI	X1
37	STL	S14	70	SET	S12	103	STL	S6	136	OUT	S0
38	OUT	Y4	71	STL	S12	104	LDI	X3	137	STL	S14
39	LD	X11	72	OUT	Y4	105	ORI	X1	138	LDI	X3
40	OUT	S0	73	LD	X11	106	OUT	S0	139	ORI	X1
41	STL	S0	74	SET	S16	107	STL	S7	140	OUT	S0
42	LD	X4	75	STL	S16	108	LDI	X3	141	STL	S15
43	SET	S3	76	OUT	Y2	109	ORI	X1	142	LDI	X3
44	STL	S3	77	LD	X7	110	OUT	S0	143	ORI	X1
45	OUT	Y4	78	OUT	SO	111	STL	S8	144	OUT	S0
46	LD	X11	79	STL	S0	112	LDI	X3	145	STL	S16
47	SET	S7	80	LDI	X3	113	ORI	X1	146	LDI	X3
48	STL	S7	81	ORI	X1	114	OUT	S0	147	ORI	X1
49	OUT	Y2	82	OUT	S0	115	STL	S9	148	OUT	S0
50	LD	X7	83	STL	S1	116	LDI	X3	149	RET	
51	SET	S11	84	LDI	X3	117	ORI	X1	150	END	
52	STL	S11	85	ORI	X1	118	OUT	S0			

（2）参考程序 B

参考程序 B 的梯形图如图 4.26 所示，语句表如表 4.33 所示。

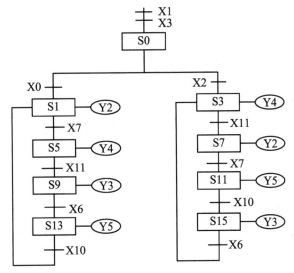

图 4.26　梯形图

表 4.33　语句表

00	LD	X1	19	OUT	Y5	38	OUT	Y3	57	STL	S3
01	AND	X3	20	LD	X10	39	LD	X6	58	LDI	X1
02	SET	S0	21	OUT	S1	40	OUT	S3	59	ORI	X3
03	STL	S0	22	STL	S0	41	STL	S1	60	OUT	S0
04	LD	X0	23	LD	X2	42	LDI	X1	61	STL	S7
05	SET	S1	24	SET	S3	43	ORI	X3	62	LDI	X1
06	STL	S1	25	STL	S3	44	OUT	S0	63	ORI	X3
07	OUT	Y2	26	OUT	Y4	45	STL	S5	64	OUT	S0
08	LD	X7	27	LD	X11	46	LDI	X1	65	STL	S1
09	SET	S5	28	SET	S7	47	ORI	X3	66	LDI	X1
10	STL	S5	29	STL	S7	48	OUT	S0	67	ORI	X3
11	OUT	Y4	30	OUT	Y2	49	STL	S9	68	OUT	S0
12	LD	X11	31	LD	X7	50	LDI	X1	69	STL	S15
13	SET	S9	32	SET	S11	51	ORI	X3	70	LDI	X1
14	STL	S9	33	STL	S11	52	OUT	S0	71	ORI	X3
15	OUT	Y3	34	OUT	Y5	53	STL	S13	72	OUT	S0
16	LD	X6	35	LD	X10	54	LDI	X1	73	RET	
17	SET	S13	36	SET	S15	55	ORI	X3	74	END	
18	STL	S13	37	STL	S15	56	OUT	S0			

6.调试并运行程序,检查运行结果

四、思考与练习

设计全气控或继电器控制顺序动作回路,并将前面手动单次顺序动作的程序写完。

4.2.8　多缸顺序动作回路

一、实验目的

① 理解气动系统多缸顺序动作回路的组成。
② 掌握用行程阀、行程开关、时间继电器实现并调整顺序动作的方法。

二、实验设备

模块化气动实验台(配相应的空压机1台);手持编程器1台;通信电缆1根。

三、实验内容

1.参考气动原理

多缸顺序动作回路原理图如图4.27所示。

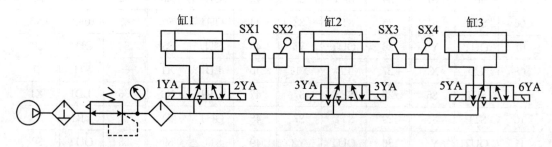

图4.27　多缸顺序动作回路原理图

2.系统所用元器件

空压机1台;双电控二位五通换向阀3个;二联件1个;行程开关4个;双作用气缸2个;单作用气缸1;连接管道若干。

3.控制要求

分单次自动顺序和连续动作两种情况。

单次自动顺序动作:缸1伸出→缸1退回→缸2伸出→缸3伸出→缸3退回→缸2退回

→停止。

连续顺序动作:缸1伸出→缸2伸出→缸3伸出→缸3退回→缸2退回→缸1退回→→缸1伸出……

(1) 单次自动顺序动作

① 按下 S2(开 I)按钮,缸 1 向前伸出,压下 SX2(P I 顶上)后缸 2 向前伸出,压下 SX2(P II 顶上)后缸 2 停止运动,缸 3 向前伸出。

② 经延时一段时间后(延时时间可根据实际情况调整,初定为 40 秒)缸 3 退回;再经延时一段时间后,缸 2 退回,压下 ST3 后缸 2 停止。

(2) 连续顺序动作

① 按下 S2(开 I)按钮,缸 1 向前伸出,压下 SX2(P I 顶上)后缸 1 停止运动,缸 2 向前伸出,压下 SX4(P II 顶上)后缸 2 停止运动,缸 3 向前伸出。

② 经延时一段时间后(延时时间可根据实际情况调整,初定为 40 秒)缸 3 退回;再经延时一段时间后,缸 2 退回,压下 SX3(P II 上)后缸 2 停止,缸 1 退回,压下 SX1(P I 上)后反向前进。

4. 输入/输出(I/O)口分配及电磁阀动作顺序

(1) 输入/输出(I/O)口分配

输入/输出(I/O)口分配如表 4.34 所示。

表 4.34　输入/输出(I/O)口分配表

状态	动作	按钮位置
S2(开 I)	缸 1 先启动前进,完成顺序循环动作	开 I
S1(停 I)	气缸全部停止运动	停 I

(2) 连续循环动作电磁阀动作顺序

连续循环动作电磁阀动作顺序如表 4.35 所示。

表 4.35　连续循环动作电磁阀动作顺序表

状态	1YA (I左)	2YA (I右)	SX1 (P1上)	SX2 (P1顶上)	3YA (II左)	4YA (II右)	SX3 (PII上)	SX4 (PII顶上)	5YA (III左)	6YA (III右)
按下 S2(开 I)缸 1 前进	+	−	任意	−	−	−	任意	任意		
按下 SX2(P I 顶上)后,缸 1 停止	−	−	−	+	−	−	任意	任意		
缸 2 前进	−	−	−	+	+	−	任意	−		
按下 SX4(P II 顶上)后,缸 2 停止	−	−	−	+	−	−	−	+		
缸 3 后退(延时)	−	+	+	+	−	−	−	+		
延时时间到缸 3 后退	−	+	+	+	−	−	−	+		
后退经延时到缸 3 停止,缸 2 后退	−	−	+	+	−	+	−	−		

续表

状态	1YA（Ⅰ左）	2YA（Ⅰ右）	SX1（P1上）	SX2（P1顶上）	3YA（Ⅱ左）	4YA（Ⅱ右）	SX3（PⅡ上）	SX4（PⅡ顶上）	5YA（Ⅲ左）	6YA（Ⅲ右）
按下 SX3（PⅡ上）后,缸2停止	−	−	+	=	−	−	+	−	−	+
缸1后退	−	+	−				+		−	+
按下 SX1（P1 上）缸1停止	−	−	+				+			
缸1前进	+		−	−	−		+	−		

5. PLC 参考程序

多缸顺序动作回路梯形图如图 4.28 所示,语句表如表 4.36 所示。

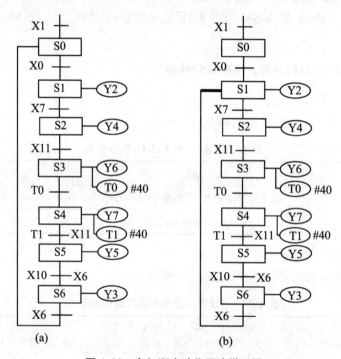

图 4.28　多缸顺序动作回路梯形图

表 4.36　语句表

00	LD	X1	07	LDI	X1	14	OUT	S0	21	LDI	X1
01	SET	S0	08	OUT	S0	15	LD	X11	22	OUT	S0
02	STL	S0	09	LD	X7	16	SET	S3	23	LD	T0
03	LD	X0	10	SET	S2	17	STL	S3	24	SET	S4
04	SET	S1	11	STL	S2	18	OUT	Y6	25	STL	S4
05	STL	S1	12	OUT	Y4	19	OUT	T0	26	OUT	Y7
06	OUT	Y2	13	LDI	X1	20		K40	27	OUT	T1

28		K40	33	STL	S5	38	SET	S6	43	LD	X6
29	LDI	X1	34	OUT	Y5	39	STL	S6	44	OUT	S0
30	OUT	S0	35	LDI	X1	40	OUT	Y3	45	RET	
31	LD	T1	36	OUT	S0	41	LDI	X1	46	END	
32	SET	S5	37	LD	X10	42	OUT	S0			

6. 调试并运行程序,检查运行结果

四、思考与练习

设计 2~4 种不同的顺序动作回路,并编写相应的 PLC 程序,调试并运行检查。

4.2.9　双缸同步回路

一、实验目的

① 理解同步回路的构成方法。
② 掌握用单向节流阀来实现同步回路的原理和调整方法,并比较不同回路的同步精度。

二、实验设备

模块化气动实验台(配相应的空压机 1 台);手持编程器 1 台;通信电缆 1 根。

三、实验内容

1. 参考气动原理

同步回路控制就是要求几个气缸的相同移动速度或在预定的相互位置上同时停止。对气动系统来说,严格实现这种同步回路控制是很困难的。图 4.29 是几种简易的同步控制回路,可以比较一下同步精度。

2. 系统所用元器件

空压机 1 台;空气过滤组合 1 套;单向节流阀 2 个;双电控二位五通换向阀 2 个;气动三联件 1 个;行程开关 4 个;双作用气缸 2 个;单作用气缸 1 个;连接管道若干。

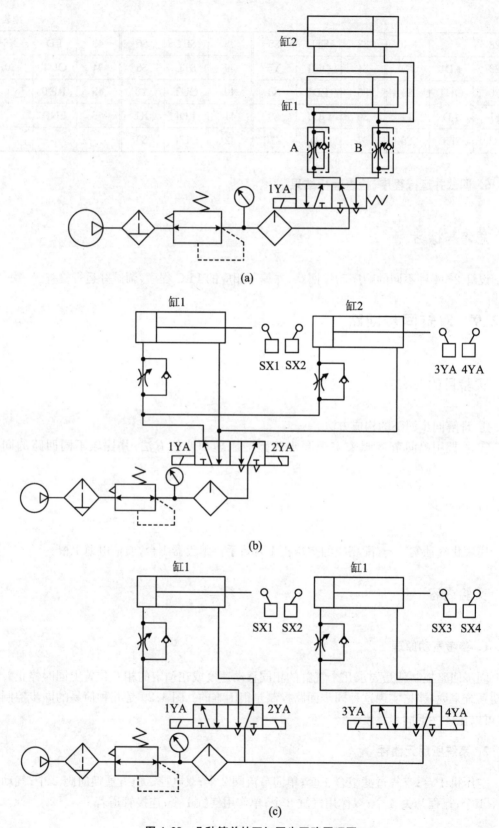

图 4.29　几种简单的双缸同步回路原理图

3．控制要求

① 按下 S2(开Ⅰ)按钮后，缸 1、2 同步前进；SX2(PⅠ顶上)和 SX4(PⅡ顶上)全部压下去后，缸 1、2 回退；压下 SX1(PⅠ上)，SX4(PⅡ顶上)后，缸 1、2 同步前进。

② 按下 SX4(开Ⅱ)后，缸 1、2 后退；全部压下 SX1(PⅠ上)和 SX3(PⅡ上)后，缸 1、2 同步前进；SX2(PⅠ顶上)和 SX4(PⅡ顶上)全部压下去后，缸 1、2 后退。

③ 按下 S1(停Ⅰ)后，气缸停止。

4．输入/输出(I/O)口分配及电磁阀动作顺序

(1) 输入/输出(I/O)口分配

输入/输出(I/O)口分配如表 4.37 所示。

表 4.37　输入/输出(I/O)口分配表

状态	动作	按钮位置
S2(开Ⅰ)	前进	开Ⅰ
SX4(开Ⅱ)	后退	开Ⅱ
S1(停Ⅰ)	停止	停Ⅰ

(2) 电磁阀动作顺序

电磁阀动作顺序如表 4.38 所示。

表 4.38　电磁阀动作顺序表

状态	1YA (Ⅰ左)	2YA (Ⅰ右)	SX1 (P1 上)	SX2 (P1 顶上)	SX3 (PⅡ上)	SX4 (PⅡ顶上)
按下 S2(开Ⅰ)按下前进	+	−	任意	任意	任意	任意
按下 SX2(PⅠ顶上)，SX4(PⅡ顶上)	−	−	−	+	−	+
后退	−	+	−	−	−	−
按下 SX1(PⅠ上)，SX3 (PⅡ上)	−	−	+	−	+	−
前进	+	−	−	−	−	−
按下 SX4(开Ⅱ)后退	−	+	任意	任意	任意	任意
按下 SX1(PⅠ上) SX3(PⅡ上)	−	−	+	−	+	−
前进	+	−	−	−	−	−
S1(停Ⅰ)按下，停止	−	−	−	−	−	−

5. PLC 参考程序

(1) 双缸同步回路(图 4.29(a))

双缸同步回路(图 4.29(a))梯形图如图 4.30 所示,语句表如表 4.39 所示。

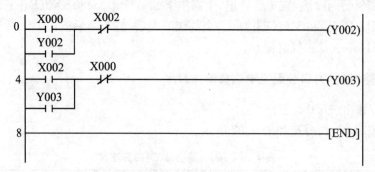

图 4.30　双缸同步回路(图 4.29(a))梯形图

表 4.39　语句表

00	LD	X000
01	OR	Y002
02	ANI	X002
03	OUT	Y002
04	LD	X002
05	OR	Y003
06	ANI	X000
07	OUT	Y003
08	END	

(2) 双缸同步回路(图 4.29(b))

双缸同步回路(图 4.29(b))梯形图如图 4.31 所示,语句表如表 4.40 所示。

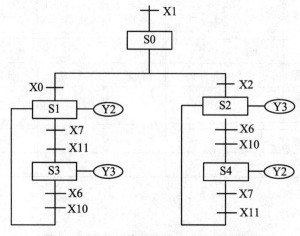

图 4.31　双缸同步回路(图 4.29(b))梯形图

表 4.40　语句表

00	LD	X1	13	SET	S3	26	AND	X10
01	SET	S0	14	STL	S3	27	SET	S4
02	STL	S0	15	OUT	Y1	28	STL	S4
03	LD	X0	16	LDI	X1	29	OUT	Y2
04	SET	S1	17	OUT	S0	30	LDI	X1
05	LD	X2	18	LD	X6	31	0UT	S0
06	SET	S2	19	AND	X10	32	LD	X7
07	STL	S1	20	OUT	S1	33	AND	X11
08	OUT	Y2	21	STL	S2	34	OUT	S2
09	LDI	X1	22	OUT	Y3	35	RET	
10	OUT	S0	23	LDI	X1	36	END	
11	LD	X7	24	OUT	S0			
12	AND	X11	25	LD	X6			

（3）双缸同步回路（图 4.29(c)）

双缸同步回路（图 4.29(c)）梯形图如图 4.32 所示，语句表如表 4.41 所示。

表 4.41　语句表

00	LD	X1	14	SET	S3	28	LD	X6
01	SET	S0	15	STL	S3	29	AND	X10
02	STL	S0	16	OUT	Y3	30	SET	S4
03	LD	X0	17	OUT	Y5	31	STL	S4
04	SET	S1	18	LDI	X1	32	OUT	Y2
05	LD	X2	19	OUT	S0	33	OUT	Y4
06	SET	S2	20	LD	X6	34	LDI	X1
07	STL	S1	21	AND	X10	35	OUT	S0
08	OUT	Y2	22	OUT	S2	36	LD	X7
09	OUT	Y4	23	STL	S2	37	AND	X11
10	LDI	X1	24	OUT	Y3	38	OUT	S2
11	OUT	S0	25	OUT	Y5	39	RET	
12	LD	X7	26	LDI	X1	40	END	
13	AND	X11	27	OUT	S0			

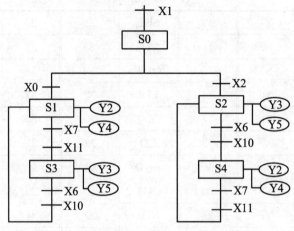

图 4.32　双缸同步回路(图 4.29(c))梯形图

6. 调试并运行程序,检查运行结果

四、思考与练习

请设计 2 种不同的同步回路,比较图 4.29(b)和图 4.29(c)所示系统的特点,请与液压系统同步回路和气液同步回路相比较。

4.2.10　快速排气阀、或门型梭阀应用回路

一、实验目的

理解快速排气阀、或门型梭阀的工作原理和作用。

二、实验设备

模块化气动实验台(配相应的空压机 1 台);手持编程器 1 台;通信电缆 1 根。

三、实验内容

1. 参考气动原理

(1) 快速排气阀

快速排气阀应用原理图如图 4.33 所示。

(2) 或门型梭阀

或门型梭阀应用原理图如图 4.34 所示。

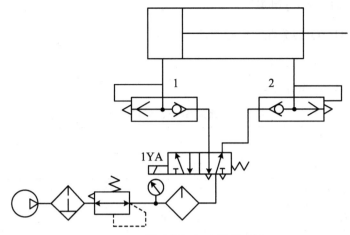

图 4.33 快速排气阀应用原理图

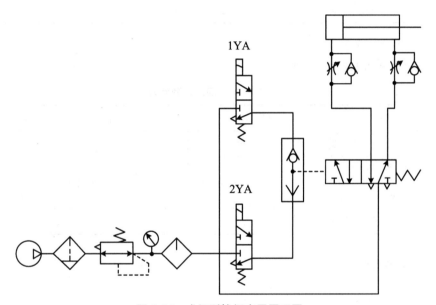

图 4.34 或门型梭阀应用原理图

2. 系统所用元器件

空压机 1 台；快速排气阀 2 个；二位三通换向阀 2 个；二位五通换向阀 1 个；气动三联件 1 个；梭阀 1 个；双作用气缸 2 个；单向节流阀 2 个；连接管道若干；单气控二位五通换向阀 1 个。

3. 控制要求

(1) 快速排气阀应用回路

① 按下 S2(开Ⅰ)按钮后，快速排气阀 2 打开。

② 按下 SX4(开Ⅱ)后，快速排气阀 1 打开，气缸快速回退。

(2) 或门型梭阀应用回路

① 按下 S2(开Ⅰ)后，气缸向前伸出。

② 按下 S6(开Ⅲ)后,气缸退回。

4. 输入/输出(I/O)口分配及电磁阀动作顺序

(1) 输入/输出 I/O 口分配

输入/输出(I/O)口分配如表 4.42 所示。

表 4.42　输入/输出(I/O)口分配表

状态	动作	按钮位置
S2(开Ⅰ)	缸 1 前进	开Ⅰ
S4(开Ⅱ)	缸 1 后退	开Ⅱ
S2(开Ⅰ)	缸 2 前进	开Ⅰ
S4(开Ⅱ)	缸 2 前进	开Ⅱ
SB3	缸 2 后退	

(2) 电磁阀动作顺序

电磁阀动作顺序如表 4.43 所示。

表 4.43　电磁阀动作顺序表

状态	1YA(Ⅰ左)	2YA(Ⅰ右)	3YA(Ⅱ左)
S2(开Ⅰ)按下缸 1 前进	+	/	/
S4(开Ⅱ)按下缸 1 后退	−	/	/
S2(开Ⅰ)按下缸 2 前进	/	−	+
S4(开Ⅱ)按下缸 2 后退	/	−	−

5. PLC 参考程序

(1) 快速排气阀

快速排气阀应用梯形图如图 4.35 所示,语句表如表 4.44 所示。

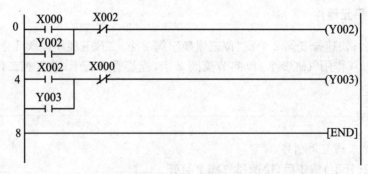

图 4.35　快速排气阀应用梯形图

表 4.44　语句表

00	LD	X000
01	OR	Y002
02	ANI	X002
03	OUT	Y002
04	LD	X002
05	OR	Y003
06	ANI	X000
07	OUT	Y003
08	END	

（2）或门型梭阀

或门型梭阀应用梯形图如图 4.36 所示，语句表如表 4.45 所示。

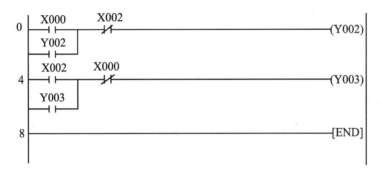

图 4.36　或门型梭阀应用梯形图

表 4.45　语句表

00	LD	X000
01	OR	Y002
02	ANI	X002
03	OUT	Y002
04	LD	X004
05	OR	Y003
06	ANI	X002
07	OUT	Y003
08	END	

6. 调试并运行程序，检查运行结果

四、思考与练习

请设计 2 或 3 种快速排气阀、或门型梭阀的应用回路。

4.2.11　缓冲回路和两点同时控制回路

一、实验目的

① 掌握气动系统中"与""或"等逻辑关系的作用与实现。
② 通过多点控制回路,理解"与"回路的含义。

二、实验设备

模块化气动实验台(配相应的空压机 1 台);手持编程器 1 台;通信电缆 1 根。

三、实验内容

1. 参考气动原理

(1) 缓冲回路

缓冲回路原理图如图 4.37 所示。

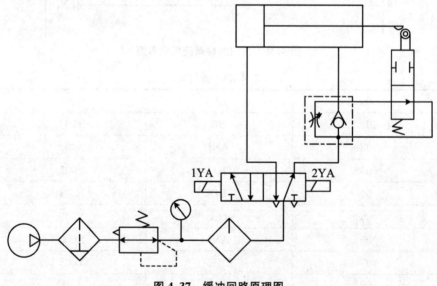

图 4.37　缓冲回路原理图

(2) 两点同时控制回路

两点同时控制回路原理图如图 4.38 所示。

2. 系统所用元器件

(1) 缓冲回路

空压机 1 台;行程阀 1 个;气动三联件 1 个;二位五通双电控换向阀 1 个;梭阀 1 个;双

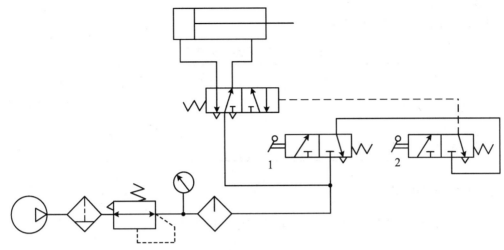

图 4.38 两点同时控制回路原理图

作用气缸 2 个;单向节流阀 1 个;连接管道若干。

(2) 两点同时控制回路

空压机 1 台;气动三联件 1 个;二位三通手动换向阀 2 个;梭阀 1 个;双作用气缸 1 个;连接管道若干。

3. 控制要求

(1) 缓冲回路

① 按下 S2(开 I)按钮后,气缸快速前进,碰到行程阀后慢速移动到位。

② 按下 S4(开 II)后,气缸快速回退。

③ 按下 S1(停 I),气缸停止。

(2) 两点同时控制回路

① 不按操作手柄时,气缸退回到极限位置停止;

② 单独操作手柄 1 或 2,气缸不动;

③ 同时操作手柄 1 或 2,气缸前进。

4. 输入/输出(I/O)口分配及电磁阀动作顺序

两点同时控制回路属于全气控手动操作系统,不需要电气控制。

(1) 缓冲回路输入/输出(I/O)口分配

缓冲回路输入/输出(I/O)口分配表如表 4.46 所示。

表 4.46 缓冲回路输入/输出(I/O)口分配表

状态	动作
SB1	前进
SB2	后退
SB3	停止

（2）电磁阀动作顺序

电磁阀动作顺序如表 4.47 所示。

表 4.47　电磁阀动作顺序表

状态	1YA（Ⅰ左）	2YA（Ⅰ右）	按钮位置
S2 按下前进	+	−	开Ⅰ
S4 按下后退	−	+	开Ⅱ
S1 按下后退	−	−	停Ⅰ

5. PLC 参考程序

缓冲回路梯形图如图 4.39 所示，语句表如表 4.48 所示。

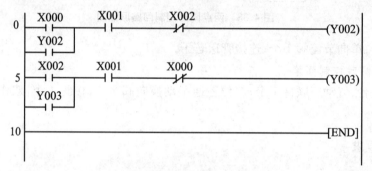

图 4.39　缓冲回路梯形图

表 4.48　语句表

00	LD	X000
01	OR	Y002
02	ANI	X002
03	AND	X001
04	OUT	Y002
05	LD	X002
06	OR	Y003
07	ANI	X000
08	OUT	Y003
09	END	

6. 调试并运行程序，检查运行结果

四、思考与练习

① 将缓冲回路改成自动往复运行，试将 PLC 程序编出来。

② 请设计另外 1 或 2 种多点同时控制回路或缓冲回路。

4.2.12　全气控系统基本回路

一、实验目的

① 体会全气控系统回路的操作、控制特点，并与继电器控制系统、PLC 控制系统进行比较。

② 掌握使用气控阀、手动阀的应用场合和特点。

二、实验设备

模块化气动实验台(配相应的空压机 1 台)；手持编程器 1 台；通信电缆 1 根。

三、实验内容

1. 参考气动原理

(1) 双作用气缸手动换向回路

双作用气缸手动换向回路原理图如图 4.40 所示。

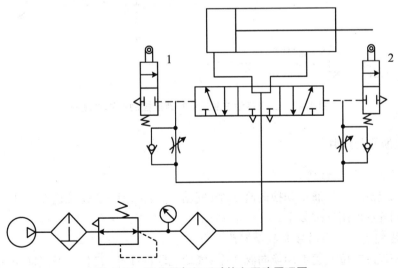

图 4.40　双作用气缸手动换向回路原理图

（2）卸压控制单次自动往复运动回路

卸压控制单次自动往复运动回路原理图如图 4.41 所示。

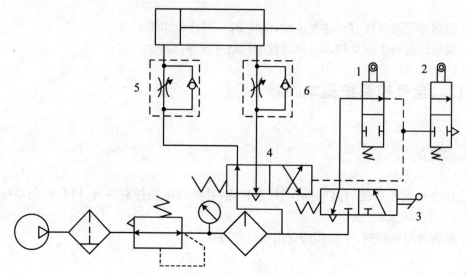

图 4.41　卸压控制单次自动往复运动回路原理图

（3）连续自动往复运动和速度控制回路

连续自动往复运动和速度控制回路原理图如图 4.42 所示。

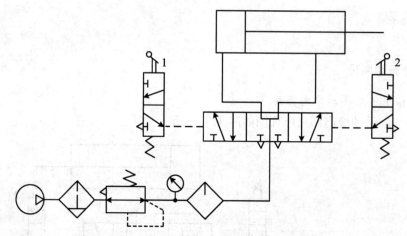

图 4.42　连续自动往复运动和速度控制回路原理图

2. 系统所需元器件

（1）双作用气缸手动换向回路

空压机 1 台；二位三通手动换向阀 1 个；气动三联件 1 个；三位五通双气动换向阀 1 个；连接管道若干；双作用气缸 2 个。

（2）卸压控制单次自动往复运动回路

空压机 1 台；二位三通手动换向阀 1 个；气动三联件 1 个；三位五通气动换向阀 1 个；连接管道若干；双作用气缸 1 个；单向节流阀 2 个。

（3）连续自动往复运动和速度控制回路

空压机 1 台；二位三通手动换向阀 1 个；气动三联件 1 个；三位五通气控换向阀 1 个；连接管道若干；双作用气缸 1 个；单向节流阀 2 个；行程阀 1 个。

3．控制要求

（1）双作用气缸手动换向回路

① 按下操作手柄 1，气缸后退。

② 按下操作手柄 2，气缸前进。

③ 不按操作手柄，气缸任意位置停止。

（2）卸压控制单次自动往复运动回路

按下行程阀 1，气缸后退，开始一次自动循环，压下行程阀 2 后，阀 3 换向，气缸前进。

（3）连续自动往复运动和速度控制回路

① 分别调节并向节流阀 5 或 6，可调节气缸前进和后退的速度。

② 启动阀 3 后，压缩空气使过行程阀 1，使阀 4 换向，气缸前进；当压住行程阀 2 后，换向阀 4 在弹簧力的作用下使气缸返回；在将行程开关 1 压下后，气缸 2 前进，自动连续往复运动。

四、思考与练习

设计 2 或 3 种全气动系统基本回路，体会手动阀与气控阀的工作过程和应用。

第 5 章　液压与气压回路常见故障排除方法

5.1　液压回路常见故障及排除方法

一、液压泵常见故障分析及排除方法

1. 液压泵不出油、输油量不足、压力上不去

(1) 故障分析

① 电动机转向不对。

② 吸油管或过滤器堵塞。

③ 轴向间隙或径向间隙过大。

④ 连接处泄漏，混入空气。

⑤ 油液黏度太大或油液温升太高。

(2) 排除方法

① 检查电动机转向。

② 疏通管道，清洗过滤器，换新油。

③ 检查更换有关零件。

④ 紧固各连接处螺钉，避免泄漏，严防空气混入。

⑤ 正确选用油液，控制温升。

2. 噪音严重压力波动厉害

(1) 故障分析

① 吸油管及过滤器堵塞或过滤器容量小。

② 吸油管密封处漏气或油液中有气泡。

③ 泵与联轴节不同心。

④ 油位低。

⑤ 油温低或黏度高。

⑥ 泵轴承损坏。

(2) 排除方法

① 清洗过滤器使吸油管通畅，正确选用过滤器。

② 在连接部位或密封处加点油，如噪音减小，拧紧接头或更换密封圈，回油口应在油面

以下,与吸油管要有一定距离。

③ 调整同心。

④ 加油液。

⑤ 把油液加热到适当的温度。

⑥ 检查(用手触感)泵轴承部分温升。

3. 泵轴颈油封漏油

(1) 故障分析

漏油管道液阻太大,使泵体内压力升高到超过油封许可的耐压值。

(2) 排除方法

检查柱塞泵泵体上的泄油口是否用单独油管直接接通油箱。若发现把几台柱塞泵的泄漏油管并联在一根同直径的总管后再接通油箱,或者把柱塞泵的泄油管接到总回油管上,则应予改正。最好在泵泄漏油口接一个压力表,以检查泵体内的压力,其值应小于 0.08 MPa。

二、液压缸常见故障分析及排除方法

1. 爬行现象

(1) 故障分析

① 空气侵入。

② 液压缸端盖密封圈压得太紧或过松。

③ 活塞杆与活塞不同心。

④ 活塞杆全长或局部弯曲。

⑤ 液压缸的安装位置偏移。

⑥ 液压缸内孔直线性不良(鼓形锥度等)。

⑦ 缸内腐蚀、拉毛。

⑧ 双活塞杆两端螺帽拧得太紧,使其同心度不良。

(2) 排除方法

① 增设排气装置;如无排气装置,可开动液压系统以最大行程使工作部件快速运动,强迫排除空气。

② 调整密封圈,使它不紧不松,保证活塞杆能来回用手平稳地拉动而无泄漏(大多允许微量渗油)。

③ 校正两者的同心度。

④ 校直活塞杆。

⑤ 检查液压缸与导轨的平行性并校正。

⑥ 镗磨修复,重配活塞。

⑦ 轻微者除去锈蚀和毛刺,严重者须镗磨。

⑧ 螺帽不宜拧得太紧,一般用手旋紧即可,以保持活塞杆处于自然状态。

2．冲击现象

（1）故障分析

① 靠间隙密封的活塞和液压缸间隙过大,节流阀失去节流作用。

② 端头缓冲的单向阀失灵,缓冲不起作用。

（2）排除方法

① 按规定配活塞与液压缸的间隙,减少泄漏现象。

② 修正研配单向阀与阀座。

3．推力不足或工作速度逐渐下降甚至停止

（1）故障分析

① 液压缸和活塞配合间隙太大或密封圈损坏,造成高低压腔互通。

② 由于工作时经常用工作行程的某一段,造成液压缸孔径直线性不良(局部有腰鼓形),致使液压缸两端高低压油互通。

③ 缸端油封压得太紧或活塞杆弯曲,使摩擦力或阻力增加。

④ 泄漏过多。

⑤ 油温太高,黏度减小,靠间隙密封或密封质量差的油缸行速变慢。若液压缸两端高低压油腔互通,运行速度逐渐减慢直至停止。

（2）排除方法

① 单配活塞或液压缸的间隙或更换密封圈。

② 镗磨修复液压缸孔径,单配活塞。

③ 放松油封,以不漏油为限校直活塞杆。

④ 寻找泄漏部位,紧固各接全面。

⑤ 分析发热原因,设法散热降温,如密封间隙过大则要单配活塞或增装密封杆。

三、溢流阀的故障分析及排除

1．压力波动

（1）故障分析

① 弹簧弯曲或太软。

② 锥阀与阀座接触不良。

③ 钢球与阀座密合不良。

④ 滑阀变形或拉毛。

（2）排除方法

① 更换弹簧。

② 如锥阀是新的,即卸下调整螺帽将导杆推几下,使其接触良好;或更换锥阀。

③ 检查钢球圆度,更换钢球,研磨阀座。

④ 更换或修研滑阀。

2. 调整无效

(1) 故障分析

① 弹簧断裂或漏装。

② 阻尼孔阻塞。

③ 滑阀卡住。

④ 进、出油口装反。

⑤ 锥阀漏装。

(2) 排除方法

① 检查、更换或补装弹簧。

② 疏通阻尼孔。

③ 拆出、检查、修整。

④ 检查油源方向。

⑤ 检查、补装。

3. 漏油严重

(1) 故障分析

① 锥阀或钢球与阀座接触不良。

② 滑阀与阀体配合间隙过大。

③ 管接头没拧紧。

④ 密封破坏。

(2) 排除方法

① 锥阀或钢球磨损时更换新的锥阀或钢球。

② 检查阀芯与阀体间隙。

③ 拧紧连接螺钉。

④ 检查更换密封。

4. 噪音及振动

(1) 故障分析

① 螺帽松动。

② 弹簧变形,不复原。

③ 滑阀配合过紧。

④ 主滑阀动作不良。

⑤ 锥阀磨损。

⑥ 出油路中央有空气。

⑦ 流量超过允许值。

⑧ 和其他阀产生共振。

(2) 排除方法

① 紧固螺帽。

② 检查更换密封。

③ 修研滑阀,使其灵活。

④ 检查滑阀与壳体的同心度。

⑤ 换锥阀。

⑥ 排出空气。

⑦ 更换与流量对应的阀。

⑧ 略微改变阀的额定压力值(如额定压力值的差在 0.5 MPa 以内时,则容易发生共振)。

四、减压阀的故障分析及排除方法

1. 压力波动不稳定

(1) 故障分析

① 油液中混入空气。

② 阻尼孔有时堵塞。

③ 滑阀与阀体内孔圆度超过规定,使阀卡住。

④ 弹簧变形或在滑阀中卡住,使滑阀移动困难或弹簧太软。

⑤ 钢球不圆,钢球与阀座配合不好或锥阀安装不正确。

(2) 排除方法

① 排除油中空气。

② 清理阻尼孔。

③ 修研阀孔及滑阀。

④ 更换弹簧。

⑤ 更换钢球或拆开锥阀调整。

2. 二次压力升不高

(1) 故障分析

① 外泄漏。

② 锥阀与阀座接触不良。

(2) 排除方法

① 更换密封件,紧固螺钉,并保证力矩均匀。

② 修理或更换。

3. 不起减压

(1) 故障分析

① 泄油口不通;泄油管与回油管道相连,并有回油压力。

② 主阀芯在全开位置时卡死。

(2) 排除方法

① 泄油管必须与回油管道分开,单独回入油箱。

② 修理、更换零件,检查油质。

五、节流调速阀的故障分析及排除方法

1. 节流作用失灵及调速范围不大

（1）故障分析

① 节流阀和孔的间隙过大,有泄漏以及系统内部泄漏。

② 节流孔阻塞或阀芯卡住。

（2）排除方法

① 检查泄漏部位零件损坏情况,予以修复、更新,注意接合处的油封情况。

② 拆开清洗,更换新油液,使阀芯运动灵活。

2. 运动速度不稳定如逐渐减慢、突然增快及跳动等现象

（1）故障分析

① 油中杂质粘附在节流口边上,通油截面减小,使速度减慢。

② 节流阀的性能较差,低速运动时由于振动使调节位置变化。

③ 节流阀内部、外部在泄漏。

④ 在简式的节流阀中,因系统负荷有变化,使速度突变。

⑤ 油温升高,油液的黏度降低,使速度逐步升高。

⑥ 阻尼装置堵塞,系统中有空气,出现压力变化及跳动。

（2）排除方法

① 拆卸清洗有关零件,更换新油,并经常保持油液洁净。

② 增加节流连锁装置。

③ 检查零件的精确和配合间隙,修配或更换超差的零件,连接处要严加封闭。

④ 检查系统压力和减压装置等部件的作用以及溢流阀的控制是否正常。

⑤ 液压系统稳定后调整节流阀或增加油温散热装置。

⑥ 清洗零件,在系统中增设排气阀,油液要保持洁净。

六、换向阀的故障分析及排除方法

1. 滑阀不换向

（1）故障分析

① 滑阀卡死。

② 阀体变形。

③ 具有中间位置的对中弹簧折断。

④ 操纵压力不够。

⑤ 电磁铁线圈烧坏或电磁铁推力不足。

⑥ 电气线路出故障。

⑦ 液控换向阀控制油路无油或被堵塞。

（2）排除方法

① 拆开清洗脏物，去毛刺。

② 调节阀体安装螺钉使压紧力均匀或修研阀孔。

③ 更换弹簧。

④ 操纵压力必须大于 0.35 MPa。

⑤ 检查、修理、更换。

⑥ 消除故障。

⑦ 检查原因并消除。

2. 电磁铁控制的方向阀作用时有响声

（1）故障分析

① 滑阀卡住或摩擦力过大。

② 电磁铁不能压到底。

③ 电磁铁芯接触面不平或接触不良。

（2）排除方法

① 修研或调配滑阀。

② 校正电磁铁高度。

③ 消除污物，修正电磁铁铁芯。

七、液控单向阀的故障分析及排除方法

1. 油液不逆流

（1）故障分析

① 控制压力过低。

② 控制油管道接头漏油严重。

③ 单向阀卡死。

（2）排除方法

① 提高控制压力使之达到要求值。

② 紧固接头，消除漏油。

③ 清洗。

2. 逆方向不密封，有泄漏

（1）故障分析

① 单向阀在全开位置上卡死。

② 单向阀锥面与阀座锥面接触不均匀。

（2）排除方法

① 修配、清洗。

② 检修或更换。

八、油温过高的故障分析和排除方法

1. 当系统不需要压力油时,而油仍在溢流阀的设定压力下溢回油箱

(1) 故障分析

卸荷回路的动作不良。

(2) 排除方法

检查电气回路、电磁阀、先导回路和卸荷阀的动作是否正常。

2. 液压元件规格选用不合理

(1) 故障分析

① 阀规格过小,能量损失太大。

② 用泵时,泵的流量过大。

(2) 排除方法

① 根据系统的工作压力和通过阀的最大流量选取。

② 合理选泵。

3. 冷却不足

(1) 故障分析

① 冷却水供应失灵或风扇失灵。

② 冷却水管道中有沉淀。

(2) 排除方法

① 消除故障。

② 消除沉淀。

4. 散热不足

(1) 故障分析

油箱的散热面积不足。

(2) 排除方法

改装冷却系统或加大油箱容量及散热面积。

5. 液压泵过热

(1) 故障分析

① 由于磨损造成功率损失。

② 用黏度过低或过高的油工作。

(2) 排除方法

① 修理或更换。

② 选择适合本系统黏度的油,加油液到推荐的位置。

6．油液循环太快

（1）故障分析

油箱中液面太低。

（2）排除方法

加油液到推荐的位置。

7．油液的阻力过大

（1）故障分析

管道的内径和需要的流量不相适应或者由于阀门的内径不够大。

（2）排除方法

装置适宜尺寸的管道和阀门，或降低功率。

5.2　气压回路常见故障及排除方法

气压传动是以压缩空气为工作介质传递动力的一种方式。即在密闭的系统内，使气体受压缩，具有压力能传递动力。气压传动与液压传动近似，都是由管路连接压力源、控制阀和执行气缸（或马达），最大的区别是气压传动无闭式回路，每路介质完成任务后，经排气口排出，不再参与循环。

气压回路常见故障及排除方法如下：

① 系统漏气，连接管路漏气，紧固防漏；控制阀漏气，更换阀类修理包或控制阀；执行气缸内泄，更换气缸、活塞密封件。

② 气泵不打气，气泵阀片损坏，更换；气泵活塞、缸套磨损严重，更换气泵活塞组件；调压阀损坏，气泵卸荷不供气，调整或更换总成；气泵进气的空气滤芯堵塞严重，清洗或更换空气滤芯。

③ 气压表不显示，贮气罐有压缩空气，气压表有问题，更换；气泵不打气，参照前述②的处理；贮气罐进气单向阀卡死，气罐不进气，检修单向阀。

附　　录

附录 A　数位化光电转速计的操作手册

一、数位化光电转速计的特性

① 测量 RPM 是安全和正确的不必贴近物体。

② 很宽的测量范围和高解析度。

③ 最后值、最大值、最小值自动存储,用"MEMO‐RY"按键逐一读值。

④ 数位显示器给予正确 RPM,不必猜测或错误。

⑤ 这台转速计使用昂贵的微处理、LSI 积体电路、石英做时间基准去正确提供高精确测量和快速测量时间。

⑥ 使用坚固、耐久的零件,包括坚强的、轻巧的 ABS 塑胶外壳等去保证维持使用较长的寿命,为了使用的舒适性,这个外壳的边角部分已经设计成了过渡圆角。

二、数位化光电转速计的特点

显示器:5 位数,10 厘米(0.4″)液晶显示器和动能指示。

测量范围:5～9999 RPM。

解析度:0.1 RPM(0.5～999.9 RPM),1 RPM(超过 1000 RPM)。

精确度:±(0.05% ＋1 RPM)。

取样时间:1 秒(超过 60 RPM 时)。

光电投射距离:5～15 厘米/2～6 英寸(1 英寸＝2.54 厘米),如周围的光线许可,最大可测到 30 厘米/12 英寸的距离。

测试范围选择:全自动。

时基:石英震荡。

线路:昂贵的单一积体微处理器 LSI 线路 IC。

电池:4×1.5 V, AA(UM-3)电池。

工作温度:0～50 ℃。

外形尺寸:19(厘米)×7.2(厘米)×3.7(厘米)/7.5(英寸)×2.8(英寸)×1.5(英寸)。

重量:0.55 磅(1 磅＝453.6 克)。

记忆:最后值、最大值、最小值。

配件：手提袋 1 只，反光纸（60 厘米）1 张，操作手册 1 本。

三、面板说明

电机测速计的面板示意图如图 A.1 所示。

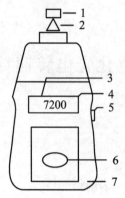

图 A.1　电机测速计面板示意图

1. 反射标志；2. 光线；3. 监视显示符号；4. 显示器；
5. 测量按键；6. 记忆按键；7. 电池盒

四、测量方法

首先，把反射纸撕一正方块，贴在被测体上，按下"测量按键"并且使光束投射到目标点，当光束射到目标时，用"监视符号"来确认是否正确，当认值已稳定（大约 2 秒）时，放松测量开关。如果测量的 RPM 低于 50 RPM 时，建议把反射纸贴多一些，然后再把读值除以"反射纸"数量，即可得到高解析度和稳定的读值。

五、记忆叫出键操作

松开测量开关的同时，自动记忆，且立刻得到最后值、最大值、最小值等读值（图 A.2）；记忆值能被显示在显示器上。

A：按第一次——显示最后值"LA"，即为最后值。
B：按第二次——显示最大值"UP"，即为最大值。
C：按第三次——显示最小值"dn"，即为最小值。

六、更换电池

① 当显示器出现"LO"时，即电池的电量低于 4.5 V 时，需要更换电池。
② 拨开电池盖（图 A.1,7），然后更换电池。
③ 更换新电池后再把电池盖装上。

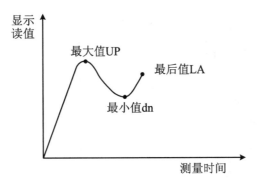

图 A.2　测速曲线图

附录 B　YCS - B 液压传动测试实验台所需元件配置名称及代号一览表

序号	名　称	元件型号	数量	备注
1	电机	M3P4H523	1	
2	定量叶片泵	FA1-8	1	
3	二位二通电磁换向阀	22EH-B6HT	2	
4	溢流阀	Y-10B	2	
5	蓄能器	NXQA-0.63/10L-A	1	
6	二位二通电磁换向阀	22EO-B6HT	1	
7	液压缸	MOB40/20/200LB	2	
8	三位四通电磁换向阀	D5-02-3C2	1	
9	三位四通电磁换向阀	D5-02-3C60	1	
10	二位四通电磁换向阀	D5-02-2B2	2	
11	二位四通电磁换向阀	D5-02-2B8	1	
12	三位四通手动换向阀	DMG-02-3C2	1	
13	溢流阀	Y-10B	1	
14		DG-02-B	1	
15	顺序阀	MQP-02-C	2	
16	减压阀	J-10B	1	
17	节流阀	LF-B10H-S	2	
18	单向调速阀	FNC-G-02	1	

续表

序号	名　称	元件型号	数量	备注
19	液控单向阀	MPA-02	1	
20	单向阀(管式)	CIT-03	2	
21	压力继电器	JCS-02-N	1	
22	薄壁小孔	PB-B	1	
23	细长小孔	XC-B	1	
24	环形缝隙	HX-B	1	
25	电机测速表		1	
26	秒表		1	
27	三通接头		5	
28	耐压胶管		15	
29	精密压力表	YB-150A(0-2.5 Mpa 0.4 级)	2	
30	压力表	Y60(0-10 Mpa2.5 级)	4	
31	防震压力表	YTN60(0-10 Mpa 2.5 级	2	
32	PLC	FX1N-24MR	1	
33	温控仪	XMTD	1	
34	热电偶	WKET	1	
35	行程开关	ME8108	4	
36	活动扳手	10 寸	1	
37	开口扳手	8-10	1	
38	开口扳手	12-14	1	
39	开口扳手	17-19	1	
40	十字起		1	
41	一字起		1	
42	内六角扳手	5、6、8	各1把	
43	工具盒		1	
44	O 型圈	$\varphi 14 \times 2.4/\varphi 16 \times 2.4$	若干	
45	尼仑垫	$\varphi 9 \times 1.9$	若干	
46	流量计	LC-A	1	

附录C　QCS – A气动实验实训台所需元件配置名称及代号一览表

序号	名称	元件型号	数量	备注
1	气体二联件	AFC-2000	1	
2	双作用单出杆气缸	MAL-CM25×100-LB	2	
3	单作用单出杆气缸	MSAL-CM25×100-LB	11	
4	双作用双出杆气缸	MALD-25×100-LB	1	
5	双电控三位五通换向阀	4V230C-06-DC24V	1	
6	双电控三位五通换向阀	4V230P-06-DC24V	1	
7	双电控二位五通换向阀	4V220-06-DC24V	3	
8	单电控二位五通换向阀	4V210-06-DC24V	1	
9	单电控二位三通换向阀	3V210-06-DC24V	2	
10	双气控二位五通换向阀	4A220-06	1	
11	单气控二位五通换向阀	4A210-06	1	
12	单气控二位三通换向阀	3A210-06-N	1	
13	调压阀	AR2000	1	
14	梭阀	SHTV-01	1	
15	快速排气阀	QE-03	2	
16	单向节流阀	ASC100-06	8	
17	手动控制二位三通换向阀	3L210-06	2	
18	行程控制二位三通换向阀	S3L-06	2	
19	行程开关	MEG/08	6	
20	快速接头	APC6-01/02		
21	消音器	BSCB-01		
22	三通接头		10	
23	进口塑胶管		15	
24	静音空气压缩机	JW-032B	1	
25	PLC	FX1N-24MR	1	
26	手持编码器		1	
27	金属实验操作台	双机(T型槽铝合金型材)	1	
28	电气控制面板		1	
29	工具盒		1	

附录 D   PLC 编程器翻译及液压气动回路控制编程
使用说明书

一、使用说明

这本手册包括正文、图解和注释。它可以引导使用正确地安装和操作 FX‐20P‐E 手持编程器,在安装或使用之前必须仔细阅读与理解。

Fxo/Fxos/Fxon/FX1s/FX/FX1n/FX2n/ FX2nc 型 PLC 部件手册和 FX 型 PLC 编程手册将提供进一步的信息。

对 FX‐20P‐E 手持编程器的使用者和维护者的指导介绍如下。

这本手册为使用 FX‐20P‐E 手持编程器提供了大量的信息,具体内容如下:

① 任何对计划、决定和与这本手册有关联的有责任的人,应该成为一个能胜任的、有资格的并对实践有权威性的人。工程师应该对自动装置的安全使用有充分的安全意识。

② 任何代理或服务工程师必须是有资格的,并对履行这项工作有着必须的权威。工程师应该对自动装置的使用和维修有很好的掌握,包括彻底地熟悉与上述产品有关的文件。每个维修应该有统一规范的操作规程。

③ 自动装置的每个操作者应该能熟悉安全操作本产品。操作者应该熟悉与自动装置操作有关联的使用说明。

这本手册描述了操作、监控可编程控制器(后面用 PLC 代替)的手持编程器(后面用 FX‐20P‐E 或 HPP 代替)的操作过程。

为了 FX 型 PLC 的说明和处理,涉及的操作手册和编程手册如下。在使用 PLC 之前,阅读并充分地理解这些内容,才能正确使用它。

表 D.1   使用说明手册

手册名	手册号	说明
FXo/Fxon 部件手册	JY99D47501	这本手册包括 Fxo/Fxon 型 PLC 的电缆装置及编程件的部件说明
FXos 部件手册	JY992d55301	这本手册包括 FXos 型 PLC 的电缆装置及编程件的部件说明
FX1s 部件手册	Jy992d83901	这本手册包括 FX1s 型 PLC 的电缆装置及编程件的部件说明
FX1N 部件手册	Jy992d89301	这本手册包括 FX1N 型 PLC 的电缆装置及编程件的部件说明
FX‐SERIES 部件手册	Jy992d47401	这本手册包括 FX‐SERIES 型 PLC 的电缆装置及编程件的部件说明

1. 对读者的注释

在使用说明里,除非另外说明,术语"程序"的表示程序、文件寄存器、注释和参数。术语存储器表示存储器卡盒和存储器板。

2. 液晶显示屏

液晶显示屏可显示 4 行,每行 16 个字符,第一行第一列的字符代表编程器的工作方式。其中,R 表示读出用户程序;W 表示写入用户程序,I 表示将编制的程序插入光标所指的指令之前;D 表示删除所指的指令;M 表示编程器处于监视工作状态,可以监视编程元件的 ON/OFF 状态、字编程元件内的数据,以及对基本逻辑指令的通断状态进行监视;T 表示编程器处于测试工作状态。

二、产品介绍

FX‐20P‐E 手持编程器是用来写入程序进入 PLC 的一个手工控制编程器和监督编程器的,它可以监视操作程序。

1. 特征

① FX‐20P‐E 是一个紧密的手工控制编程单元。
② 16 字符 * 4 行的液晶显示屏显示程序、PLC 操作状态、操作引导和错误信息。
③ FX‐20P‐E 分为联机模式和脱机模式。在联机模式下,直接存取已连通的 PLC;在脱机模式下,FX‐20P‐E 自身存取 RAW。实际上,因为 FX‐20P‐E 手持编程器内附有高性能电容器,通电一小时后,在该电容器的支持下,RAW 里的信息可以保留三天。
④ FX‐20P‐E 的读出和写入程序及执行显示和监控,以列表的格式显示出来(表 D.2)。
⑤ 当一个随意的产品结合 FX‐20P‐E,可以像 ROW 一样作为存储盒写入程序。当 PLC 处于 RUN 状态下,程序是不能写入或改变的。

2. 功能列表

功能列表如表 D.2 所示。

表 D.2　功能列表

功能	联机方式	脱机方式
读出[RD]	在 PLC 中读出连续的程序	在 HPP 中显示连续的程序
写入[WD]	写入连续的程序输入指令到 HPP——程序到存储器到 PLC‐	写入连续的程序输入指令到 HPP——程序到 HPPRAW
插入[INS]	插入指令到连续的程序插入指令到 HPP——程序到存储器到 PLC‐	插入指令到连续的程序插入指令到 HPP——程序到 HPPRAW
删除[DEL]	从连续的程序中删除指令输入指令到 HPP——程序到存储器到 PLC‐	从连续的程序中删除指令输入指令到 HPP——程序到 HPPRAW
监视[MNT]	显示操作状态	————————
测试[TEST]	指令到 HPP 程序到 PLC	————————

3. 产品构造

FX-20P-E 和 FX-20P-SETO 由以下组成部件组成(表 D.3)。其中,FX-20P-E 连接 FX/FX2c 到 PLC。

表 D.3　组成部件

FX-20P-E	HPP
FX-20P-CAB	程序电缆,1.5 M 长
FX-20P-MFXD	系统存储器盒

程序电缆可以单独购买,其中编程器和电缆是必须具备的,其他部分是选配件。编程器右侧面上方有一个插座,将 FX-20P-CAB 电缆的一端插入该插座内。电缆的另一端插到 FX 系列 PLC 的编程器插座内。

FX-20P-E 编程器的顶部有一个插座,可以连接 FX-20P-RWM 型 ROW 写入器。编程器底部插有系统程序存储器卡盒,需要将编程的系统程序更新时,只要更换系统程序存储器即可。

FX-20P-E 面板上每个按键的功能如表 D.4 所示。

表 D.4　编程器按键功能

按键名	注释
功能键 [RD/WR][INS/DEL] [MNT/TEST]	每个键已经说明(当一个按键被按下一次,显示功能键左上角的功能,当再按一次时,显示按键右下角的功能)
其他键[OTHER]	在任何状态下按此键,显示方式菜单安装 ROM 写入模块时,在脱机方式菜单上进行项目选择
清除键[CLEAR]	如在按[GO]前(及确认前)按此键,则可清除键入的数据。此键也可以用于清除显示屏上的错误信息或恢复原来的画面
帮助键[HELP]	显示应用指令一览表。在监视时,进行十进制数和十六进制数的转换
空格键[SP]	在输入时用此键指定元件号和常数
步序键[STEP]	用此键设定步序号
光标键[　　]	用此键移动光标和提示符指定当前元件的前一个或后一个元件,作行滚动
执行键[GO]	此键用于指令的确认、执行,显示后面的画面和在搜索

4. 重要的提示

不要触摸 PLC 上连接的地方和 HPP 上特殊的指令舱或存储器附件。如果这些地方被触摸,内部的电子电路可能被静电损坏。连接 HPP 到 PLC 之前,关掉 PLC 的电源。

5. 置换系统存储器盒

通常购买的 FX-20P-E 系统存储器卡盒都是装好的,但当升级系统、翻译或者更换应用程序规格时,系统存储器卡盒应该替换。

系统存储器盒替换的方法:

① 系统存储器盒的滑行器推下。

② 顺着箭头的方向拔出存储器盒。

③ 拆卸掉旧的存储器盒后插入新的存储器盒。

注意:千万不能触摸系统存储器的附件。

三、产品结构

1. 安装步骤

① 当 PLC 电源关掉时,HPP 上的[RD/WR]键是工作的,PLC 会突然启动,即"PLC RUN 输入"是打开的,此时 PLC 开始准备编程。当 PLC 电源关掉一次又打开,RUN 状况也是有效的。

② 在最初的状态,光标位于联机(PC),通过按光标移动键选择想要的程序,按[GO]键继续进行下一个画面。当联机模式被选择时,HPP 自动地辨别 PLC 模式和功能选择画面,如果条目编码已经被寄存在 PLC 里,HPP 把条目编码输入屏幕。

③ 当脱机模式被选择,选择 PLC 模式按下[GO]键进行下一画面内容时,此时如果被选中的模式起限定作用,这时运行模式选中的画面。

④ 按下[CLEAR]键,可以把程序恢复到原来的画面。

⑤ 选中一种模式后,再执行一次以上操作,用以显示其他的模式画面,以上按键起交替作用。

2. PLC 的手持编程器

当在脱机模式下启动 HPP,如果 Fxo/Fxos/Fxon/FX1s/FX1n 型 PLC 是使用的,当传递没有支持的成分到 PLC 时,HPP 或 PLC 会出现一个错误,因为程序容量有限,被选的 PLC 没有提供指令和设备范围。

(1) 程序

在已经被选中的 PLC 里存入有效的设备范围和指令。如果程序包含无效的设备或无支持的指令,这时对 PLC 是无效的,PLC 执行错误的控制不会变成 RUN 状态。

特别 Fxo/Fxos/Fxon 型 PLC 应用程序指令不能在脉冲完成下使用。如果无效的设备和指令写入到 PLC,它是不运行的,但是可能会转变为无效的指令。此时核对的错误进入 HPP,信息"书写错误"将一起显示出来。

(2) 参数安装

参数安装时让存储器容量、文件寄存器容量分别处于缺省状态。

① 程序容量

不要挑选任何步骤的数目,如果程序容量安装超过 2K 步骤,显示"HPP PARA 错误",程序不能再写入。

当应用 FXo/FXos 型 PLC 写入一个程序超过 800 步时,FXo/FXos 型 PLC 是不能读出的。

如果程序容量是 2K 步时,NOP 指令自动地建立一个 800 步或更多的程序,这时它从 FXo/FXos 型 PLC 读出。

② 文件注册

不要建立文件注册容量,如果文件容量注册,程序写入 FXo/FXos 型 PLC 时,将出现信息"书写错误",此时程序不能写入。

四、编程

1. 脱机编程

在 HPP 里,用指令清单和操作键盘编制一个程序。在联机模式和脱机模式下,写入编程的途径是不同的。在联机模式下,程序直接写入 PLC 中的程序存储器;在脱机模式下,编制的程序首先写入编程器内 RAM 中,以后再成批地传入 PLC 的存储器。

在脱机模式下,用编制好的程序操纵 PLC,程序必须从 HPP 传递到 PLC,当 PLC 处于 RUN 状态时,程序是不能被写入或从 HPP 中更改的。当 PLC 处于阻止状态,这时才能从 HPP 中写入或更改程序。

2. 编程时使用的功能

[READ]　从程序存储器中读出编制好的程序并显示出来,通过显示步骤号、指令、图案或光标,程序任意的位置可以显示出来。

[WRITE]　写入一个新的程序或者改进或附加编制一个有效的程序。

[INSERT]　插入一个指令到编制好的程序。

[DELETE]　从编制好的程序中删除一个错误的指令。一个指令或指针可以被删除。

[HELP]　显示有效的程序步骤范围。按下[FNC]键后再按[HELP]键,屏幕上显示应用指令的分类菜单,再按相应的数字键,就会显示该类指令的部分名称。

3. 编程模式

(1) 联机模式

在联机模式下,HPP 直接对 PLC 的用户程序存储器进行操作。若 PLC 内没有安装 EEPROM 存储器卡盒,程序写入 PLC 的 RAM 存储器内,反之则写入 EEPROM 内。此时 EEPROM 存储器的写入保护开关必须处于"OFF"位置。

(2) 脱机模式

在脱机编程时,编制的程序首先写入编程器内的 RAM 中,以后再成批地传入 PLC 的存储器,也可以成批地传送到 PLC 中的存储器卡盒。往 ROM 写入器的传送在脱机方式下进行。

4. 程序存储器的种类

RAM(随意存取的存储器):可以在任何时候被写入或读出,因为存盘容量被故障清洗掉。当 RAM 从 PLC 取消时,存盘容量被清洗,RAM 同 HPP 和 PLC 内的存储器一样被使用。

EEPROM(电气可清除的可编程读出存储器)只有作为被读出存储器,才可以在任何时候被应用明确的电压写入。存盘容量保持存盘以防止故障,允许写入的总数是被限制的。

五、读出

1. 脱机模式下读出操作

当选择联机模式时,程序写入 PLC 中并由 HPP 显示出来。在脱机编程时,编制的程序首先写入编程器内的 RAM 中,以后再成批地传入 PLC 的存储器,也可以成批地传送到 PLC 上的存储器卡盒。往 ROM 写入器的传送在脱机方式下进行。

2. 根据步序号读出指令

指令中四条指令可以被读出并由详细的步序号显示出来。如果详细的步序号像计算器符合操作,则四条指令被读出并从指令的操作数中显示出来。按下[GO]键,屏幕显示第五行及后面的指令。利用光标控制按键显示上一条或下一条指令。

基本操作如下:

[RD](读出功能)—[STEP]—(指令步序号)—[GO]

以读出步序号为"55"的程序为例,按键操作如下:

[RD](读出功能)—[STEP]—[5][5]—[GO]

3. 根据指令读出程序

为了运用一个指令,按下[FNC]键和输入 FNC 号,例如,"[FNC][D][1][2][GO]""[FNC][1][2][GO]"等。输入脉冲符号[P],两个指令不论如何都会被搜索到。按顺序指令从步序号中被搜索到,从第一个发现的指令开始,四条指令显示在屏幕上。按下[GO]键后,屏幕上显示指令的步序号,再按功能键[GO],屏幕上显示出下一条相同的指令及步序号。

如果用户程序中没有该指令,在屏幕的最后一行显示"NOT FOUND"(未找到),程序在"END"指令之后也不会显示。使用光标控制键即箭头键可以一步一步地读出程序,用同样的方法,甚至程序可以以指针或图案方式读出。

以读出"PLS M104"为例,按键操作如下:

[RD]—[PLS]—[M][1][0][4]—[GO]

4. 根据指针查找其所在的步序号

四条指令可以被读出并从图标中显示出来。如果图标中没发现,信息"NOT FOUND"显示,程序在"END"指令之后也不会读出。

以指针查找所在的步序号为"3"的读出指令为例,按键操作如下:

[RD]—[P]—[3]—[GO]

5. 根据元件读出指令

元件按顺序从步序号中被搜索出来,从第一个发现的指令开始,四条指令显示在屏幕上。按下[GO]键后,屏幕上显示元件的步序号,可以从当前四个步序中的下一步序搜索到相同状况的元件。如果元件没有被相应的发现,信息"NOT FOUND"显示,程序在"END"指令之后也不会读出。

以读出"Y123"为例,按键操作如下:

$$[RD]—[SP]—[Y]—[1][2][3]—[GO]$$

按下[GO]键后,可以从下一步序搜索到"Y123"。当指令根据元件读出时,只有元件 X,Y,M,S,T,C,D,V 和 Z 这些基本的指令能搜索到。

六、写入

1. 脱机模式下的写入操作

选择联机模式时,程序被写入 PLC 里的存储器;选择脱机模式时,传送到 HPP 里的 RAM。选择联机模式时,如果存储器卡盒(除掉 EPROM)对于 PLC 是附带的,程序写入存储器卡盒。当 PLC 处于"STOP"模式时,程序只能被写入。新的程序可以写入继续使用的程序,写入后更改。

按步序号顺序输入指令写入新的程序,写入一个继续使用的程序可以修改。把光标放在合适的位置上进行修改,这时输入指令。

2. 输入基本指令

例如,ORB,MPS 基本指令可以单独地进入;LDX000,ANDM0 带有附件的指令可以成批地进入。

以进入"ORB"指令为例,按键操作如下:

$$[WR]—[ORB]—[GO]$$

ANB,ORB,MPS,MRD,MPP,RET,END,NOP 是单独进入的。

以进入"LDX0"指令为例,按键操作如下:

$$[WR]—[LD]—[X][0]—[GO]$$

以进入"OUT T100 K19"指令为例,按键操作如下:

$$[WR]—[OUT]—[T][1][0][0]—[SP]—[K][1][9]—[GO]$$

3. 写入运用指令

写入应用程序,首先按下[FNC]键,输入指令号,进入指令号直接输入想要的步序号或通过应用帮助显示指令符号清单。搜索找到想要的指令,输入指令。如果指令步序号不清楚,可以应用帮助功能。

什么是操作数? 操作数是指用于指令操作的一种设备。例如,在 MOV 指令"MOV D0 D1"中,D0 和 D1 分别为操作数。

当使用 FX/FX2c 型 PLC 时,程序要受到限制。RAW 文件寄存器像操作数一样使用,只有 BMOV 指令是可以运行的。

以写入"[D]MOV[P] D0 D2"为例,按键操作如下:

[WR]—[FNC]—[D][1][2]—[P]—[SP]—[D][0]—[SP]—[D][2]—[GO]

运用 ASC 指令,ASCLL 特性只能被读出,不能写入。为了写入 ASCLL 特性,可以使用"A6GPP/A6PHPP 软件"。如果使用的 PLC 不支持应用指令,错误将会出现。

按下[FNC]和[HELP]键,用这种方法可以在屏幕上显示应用指令的分类条目。这些分类条目从 0 到 24 固定在七面屏幕上。在分类条目中,通过使用数字键挑选想要的条目。输入数字"100s"的阿拉伯数字,"10s"的阿拉伯数字,"1s"的阿拉伯数字进入时,哪一个指令的步序号与输入的数字一样,就显示在屏幕上。

只有使用的 PLC 中有效的应用指令才可以显示在清单中。通过使用光标控制键移动屏幕,进入一个数字 1s 阿拉伯数字。通过以上的操作,应用指令的步序号可以被找到,这时按顺序输入操作数。

以通过帮助功能提供的指令清单输入"DMOVP D0 D2"为例,按键操作如下:

[WR]—[FNC]—[HELP]—[1]—[2]—[D]—[P]—[SP]—[D][0]—[SP]—[D][2]—[GO]

4. 应用书签

应用书签是指像书签一样在连续的程序中使用 P(指示器)或 I(中断指示器)。

以进入书签"3"为例,按键操作如下:

[WR]—[P]—[3]—[GO]

5. 输入数字

当进入数字时,每个数字对于按顺序显示的阿拉伯数字是变化的。一般地,如果数字输入超过可显示的阿拉伯数字,数字输入将按顺序删除显示的程序。只有显示在屏幕上的数字可以寄存,当输入数字时,仔细检查显示的数字。

6. 成批写入程序

写入 NOP 指令到一个确定或完全范围的程序时,如果程序已经存在,又被 NOP 指令写入,那么在 PLC 里,NOP 指令功能的写入如程序在详尽的范围被删除一样。当运行程序都清楚时,程序和参量是删略的。

以成批写入"NOP 指令从 1014 步序到 1024 步序"为例,按键操作如下:

[WR]—[箭头]按下按键移动光标到 1014 步序—[NOP]—[K][1][0][2]—[GO]
移动光标到开始的步序,NOP 指令被写。如没有步序号,写入是丧失能力的。

以写入"NOP"到整个范围为例,按键操作如下:

[WR]—[NOP]—[A]—[GO]—[GO]

写入功能建立以后,相继地按下[NOP]和[A]键,这时对于写入范围来讲,光标位置没有任何工作。按下[GO]键,为了证实都是清楚的,会出现信息,为了完成成批写入[NOP]到整个范围,按下[GO]键和信息一致。当任务执行完成以后,光标移动到 0 步序。

注意:当成批写入[NOP]指令到整个范围完成时,运行之前,设定值可以返回默认的功能。

7. 修改模式

在确定之前([GO]键按下前)或确定之后([GO]键按下后),程序可以修改。在确定之前,按下[CLEAR]键,输入正确的指令内容。确定之后,移动光标到要修改的地方,输入正确的内容。

以修改"K10""D9"到"OUT T0 K10"指令(确定之前)为例,按键操作如下:

[WR]—[OUT]—[T][0]—[SP]—[K][1][0]—[CLEAR]—[D][9]—[GO]

再一次按下[CLEAR]键,取消第二次设置。两次按下[CLEAR]键,修改七步序的内容。

以修改"K10""D9"到"OUT T0 K10"指令(确定之后)为例,按键操作如下:

[WR]—[OUT]—[T][0]—[SP]—[K][1][0]—[GO]—[箭头]—[D][9]—[GO]

以写入读出指令"T50""K123"到 100 步序号为例,按键操作如下:

[RD]—[STEP]—[1][0][0]—[GO]—[RD/WR]—[OUT]—[T][5][0]—[SP]—[K][1][2][3]—[GO]

使用修改功能可设置定时器、计算器的作用。当相继的写入指令或指针在当前的读出程序时,直接移动光标到正确的位置,然后写入。此外,也可通过操作数修改指令。

8. 修改设备

1 到 8 阿拉伯数字可以被修改。

以修改在[MOVP]指令中的"K2"到 100 步序"X100 K1X0"为例,按键操作如下:

[RD]—[STEP]—[1][0][0]—[GO]—[RD/WR]—[箭头]—[K][1]—[X][0]—[GO]

只有程序没有步序号,才可以被修改。当修改阿拉伯数字时,首先按下[K]键,然后输入识字用处。

七、插入操作程序

1. 脱机方式下插入操作

插入一个指令或指针到要修改的位置。

通过移动光标到要修改的地方,可以在合适的位置插入指令或指针。

在被插入位置之后,每个步序号自动建立。当插入一个指令或指针到读出程序时,直接移动光标到想要的位置。

2. 插入指令的警告

程序存储器是满的没有空的内存时,如果此时指令被插入,错误信息将显示,插入指令不执行。当 PLC 处于 RUN 状态,或 EPROM 卡盒是附带的时,插入操作也是无效的。

以在 200 步序号之前插入[AND]指令"M5"为例,按键操作如下:

[RD]—[STEP]—[2][0][0]—[GO]—[INS/DEL]—[AND]—[M][5]—[GO]

八、程序删除操作

1. 脱机方式下删除操作

当 PLC 处于 RUN 状态,或 EPROM 卡盒是附带的时,删除操作是无效的。

2. 删除指令或指针

通过以上操作,指令在光标的位置被删除。指令占用两行或多行,例如建立定时器、计算器的应用指令操作数,当指令分开,建立用处或操作数,被删除的整个程序在同一时间删除。在删除的位置后,每一个步序号自动下降。

以在 100 步序号中删除"AND M10"指令为例,按键操作如下:

　　　　　[RD]—[STEP]— [1][0][0] —[GO]—[INS/DEL]—[GO]

3. 删除指定范围内的程序

通过步序号指定范围内的程序被删除。如果一个指令在指定的开始步序号占用两行或多行,指令的开头像开始的步序号一样被关注。对于一个在指定结尾步序号占用两行或多行的指令,指令的最后像结尾步序号一样被关注。在屏幕上,指定范围以后的程序被删除,删除的步序号被消除,程序从删除的开始,步序号显示出来。

以删除从 10 步序号到 40 步序号的程序为例,按键操作如下:

　　　　　[INS/DEL]—[STEP]—[1][0]—[SP]—[STEP]—[4][0]—[GO]

4. 将程序中的 NOP 指令全部删除

从步序号到最终的指令中所有 NOP 指令在同一时间删除。删除 NOP 指令以后,每一步序号自动下降。

九、监视

1. 监视操作概述

在 HPP 上显示 PLC 的操作状态(监视操作是有效的,甚至 PLC 处于 STOP 状态)。在联机模式下,经选择的监视操作是有效的(如果脱机模式被选择,HPP 启动它可以通过运用其他功能转变为联机模式)。

2. 程序监视清单

在程序监视清单中,程序清单显示连接状况。

以监视 126 步序的程序为例,按键操作如下:

　　　　　　　[MNT]—[STEP]—[1][2][6]—[GO]

3. 继电器的监视

显示的继电器可以被监视。关于少数的继电器,ON/OFF 状态是显示出来的。

4. 监视操作规定

当 PLC 中梯形图程序正运行时,八个步序操作的规定是显示出来的。如果规定变化,显示出程序的步序号。

十、测试

操作警告:彻底地读懂本手册,在执行程序到相应的元件,或操作用语修改当前值之前,应充分地保证安全措施。

1. 测试功能概述

在测试模式下,PLC 里的元件可以被强制地修改为 ON/OFF 状态。PLC 中,当前的元件符号可以修改,定时器和计数器可以从 HPP 中修改。执行元件监视操作可以显示 PLC 中的元件。当 EPROM 对于 PLC 是附带的时,定时器和计数器不可以从 HPP 中修改。当 EPROM 对于 PLC 是附带的,且 PLC 处于 RUN 状态,定时器和计数器不可以从 HPP 中修改。

2. 位编程元件强制 ON/OFF

从 HPP 中设定 PLC 中元件强制 ON/OFF。强制 ON/OFF 操作对输入的继电器(X)、输出的继电器(Y)、辅助继电器(M)、状态继电器(S)、定时器和计数器是有效的。

强制元件 ON/OFF 操作为元件设定 ON 或 OFF,并只在一步操作循环。当 PLC 处于 RUN 状态时,强制元件 ON/OFF 操作对于当前的定时器、计数器、数据寄存器和变址寄存器设置手动和自动控制的回路是完全有效的。

当 PLC 处于 STOP 状态或者执行的目标元件在程序中没有运行时,强制元件 ON/OFF 操作的结果是保留原状。但是由于对于输入继电器(X),输入强制程序是执行的,所以甚至 PLC 处于 STOP 状态,强制元件 ON/OFF 操作的结果是对于输入继电器(X)不保留原状。当 PLC 中程序寄存器是 RAM 或 EEPROM 时,文件寄存器的用途可以被清除。

以强制设定的"Y000 ON/OFF"为例,按键操作如下:

[Y000 的元件监视]—[MNT/TEST]—[SET]—[RST]

设定 PLC 处于 STOP 状态,这时控制输出电信号强制输出继电器(Y)ON/OFF。

3. 修改 T、C、D、Z、V 的当前值

从 HPP 中修改 PLC 中元件 T、C、D、Z、V 的当前值。以十进制或十六进制的形式输入当前值。

使用当前值修改功能可以写入数据到 PLC 中的文件寄存器。当 PLC 处于 RUN 状态时,此功能对于 PLC 中的 RAM 是有效的。当 PLC 处于 STOP 状态时,此功能对于 PLC 中的 RAM 或 EEPROM 是有效的。

元件不同于文件寄存器,因为它在定时器、计数器、数据寄存器和变址寄存器中,当前值可以不通过 PLC 运行状态和程序寄存器的输入修改。

以修改 D0 的当前值 K0 为 K10 为例,按键操作如下:

[D0 的元件监视]—[MNT/TEST]—[SP]—[K][1][0]—[GO]

当修改当前值为 32 字符的数据执行元件监视操作,16 字符的数据元件监视操作是相同的。

4. 修改定时器和计数器的设定值

从 HPP 中修改 PLC 程序中定时器和计数器的设定值时,当 PLC 处于 RUN 状态,如果 PLC 程序寄存器是 RAM 时,设定值可以修改;当 PLC 处于 STOP 状态时,如果 PLC 程序寄存器是 RAM 或 EEPROM,设定值可以修改。

设定值修改有两种方法:修改元件监视是测试模式的方法、修改目录程序监视是测试的方法。如果当前值已经通过修改元件监视即测试模式的方法被修改,程序中接近 0 步序号定时器和计数器会被自动的像目标一样阅读。当修改有一样步序号的定时器和计数器的设定值时,在监视程序清单中选择想要的定时器和计数器,并修改它们的设定值。

以元件监视修改为例。将定时器的设定值"K100"修改为"K200",按键操作如下:

[D5 的元件监视]—[MNT/TEST]—[SP]—[K][2][0][0]—[GO]

如果定时器的设定值通过数据寄存器间接的修改,数据寄存器可以通过以上的操作修改。当修改显示目前设定的时间数据寄存器的当前值时,执行修改当前值的操作。

以修改程序监视清单中修改设定值为例。将 15 步序号中"OUT C0"的设定值"K10"修改为"D20",按键操作如下:

[通过元件监视清单显示 15 步序号程序]—[箭头](移动光标到设定值的一行)—[MNT/TEST]—[D][2][0]—[GO]

十一、其他功能

1. 其他功能

在其他功能中,联机与脱机模式、程序控制、数据设定、参量、"XYM—NO. CONV""BUZZER LEVEL""LATCH CLEAR"和"MODULE"可以被设定。在每次安装时,设定项目安装容量靠联机或脱机模式改变。

当选择联机模式时,"PROGRAM CHECK""PARAMETER"和"XYM—NO. CONV"执行到 PLC 中的程序存储器。当脱机模式被选中时,它们执行到 HPP RAM 中。

即使程序操作将要完成,这时按下[OTHER]键也可以在屏幕上显示其他模式的菜单;即使其他功能的操作将要完成,这时按下功能键也可以运行另一个功能操作。

2. 切换模式

在联机和脱机之间切换模式,例如,在 HPP 中"ONLINE MODE"和"OFFLINE MODE"的显示与当前的模式一致。

以将联机模式切换到脱机模式为例,按键操作如下:

[在联机模式下运行 HPP]—[OTHER]—[1]—[GO]—[箭头]—[GO]

选择脱机模式或者把光标移动到"OFFLINE MODE"的位置,此时按下[GO]键,当从脱机模式切换到联机模式时,以上的操作是不需要的。

3. 检查程序

在联机模式下,PLC 中程序(存储器卡盒如果正使用)被检查。相反地,在脱机模式下存入 HPP 中 RAM 的程序被检查。

在联机模式下,检查程序,"I/O ERROR""PC H/W ERR""LINK ERROR""PARA. ERROR""GRAMMAR ERROR""LADDER ERROR"和"RUN TIME ERROR"可以被检查。

在脱机模式下,"PARA. ERROR""GRAMMAR. ERROR"和"LADDER ERROR"可以被检查。

错误信息和编码可以显示出来,如果这类错误存在特殊的步序号并被发现。如果两个或更多的错误出现,消除出现错误的原因,这时为了显示错误再一次执行程序检查操作。

以程序检查操作为例,按键操作如下:

[在联机或脱机模式下运行 HPP]—[OTHER]—[2]—[GO]

选择"2 PROGRAM CHECK"或把光标放在"PROG RAM CHECK",这时按下[GO]键,电路错误已经出现,出现的步序号显示出出现错误的相应电路线圈。

4. 存储器卡盒、HPP、FX 系列 PLC 之间的传输

在脱机模式下,可以实行在存储器卡盒和 PLC 存储器之间的传送,也可以实行 HPP 和 FX 系列 PLC 之间的传送(HPP 自动地识别联机、脱机模式和存储器卡盒的类型并把它们显示出来)。

在存储器卡盒、程序和参数之间的传送和 PLC 存储器、PLC 附带的存储器卡盒之间的传送是对照的。FX 系列中 PLC 程序、参数之间的传输和 HPP 中 RAM、PLC 存储器或 PLC 附带的存储器卡盒之间的传送是对照的。

通过运用每个传送功能,在设置或修改 RAM 时写入较短的程序以后,EEPROM 中有一定容量的程序可以执行操纵 PLC。

有较大容量的存储器没有能力向有较小容量的存储器传送。在这种情况下,首先修改存储器卡盒参数,这时才能执行传送功能。

FX-20P-E-RAM 包括以下容量:制造商型号为 640000 或以前 8 K 步骤的 FX-20P-E 和制造商型号为 640001 或新近的 16 K 步骤的 FX-20P-E。在传送操作执行后,校对所有的程序,确保内容是正确的。如果通过校对发现问题,信息"VERIFY ERROR"显示出来,并且问题位置也显示出来。

使用 EEPROM 时,在"FX RAM—EEPROM"执行之前,设置写入保护开关是断开的。使用 EPROM 时,"FX RAM—EPROM"是不能完成的。在执行"HPP 到 PLC 中存储器之间传送"之前,设置 PLC 处于 STOP 状态。使用 EEPROM 时,在执行"HPP 到 FX RAM—EEPROM"之前,设置写入保护开关断开。

(1) 联机模式下存储器卡盒之间的传输

在联机模式下使用传输功能,用户对于 PLC 中的程序存储器与附带的 PLC 卡盒之间

的传输是有能力的。

HPP 自动识别 PLC 程序存储器和 PLC 附带的存储器卡盒的类型。在 PLC 程序存储器与存储器卡盒之间的进行中,当 RAM 或 EEPROM 类型已经识别出来,写入功能能够使用(如果 EEPROM 的写入保护开关是打开的或者 EPROM 是附带的,信息"WRITE FOR-BIDDEN"显示出来)。

以 PLC RAM 到 EEPROM 之间的传输为例,按键操作如下:

[联机模式下运行 HPP]—[OTHER]—[3]—[箭头]—[GO]

选择"DATA TRANSFER"或把光标放置"DATA TRANSFER"位置,然后按下[GO]键。当传输或校核正常完成时,信息"COMPLETED"显示出来。如果错误程序通过校核发现,错误内容显示出来。

(2) HPP 和 FX 系列 PLC 之间的传输

在脱机模式下,HPP 和 PLC 程序存储器之间的传输使用 HPP 与 FX 系列 PLC 之间的传输功能。默认的设置、存储器容量、条目代码、阀门范围、文件寄存器和 RUN 终端可以被设置。显示和设置参数按顺序展现。如果不改变显示的目录,按下[GO]键可以进入下一个目录,按下[CLEAR]键可以返回上一个目录,按下[OTHER]键可以返回显示其他模式菜单。

在联机模式下,修改参数之前设置 PLC 处于 STOP 状态。使用 EEPROM 卡盒时,在修改参数之前,设置写入保护开关断开。使用 EPROM 卡盒时,参数是不能完成的。

5. 默认的设置

当设置默认的数值(初始值)时,放置光标到"YES"的位置,并按下[GO]键,当不改变默认的数值时,放置光标到"NO"的位置,并按下[GO]键。通过这种操作,屏幕显示存储器容量。

(1) 存储器容量

当修改存储器容量时,放置光标到想要的步序号并按下[GO]键。每个 PLC 的程序容量是相等的,不少于下面的步序号。

(2) 条目代码

注册和删除条目代码。记录条目代码时,放置光标到[ENTER]键,输入条目代码,按下[GO]键。若不修改注册的条目代码,按下[GO]键(在默认的状态下,没有条目代码是注册的)。当删除已经注册的条目代码,放置光标到[DELETE]键,输入条目代码并按下[GO]键。

通过记录条目代码,程序和数据的修改被禁止,因此程序被保护。有三种保护方法:"所有操作禁止的方法(A)""预防的方法(B)"和"禁止错误写入方法(C)"。联机模式下,当 HPP 在条目代码已经注册的 PLC 程序中运行时,程序首先需要操作者输入条目代码。如果操作者输入的条目代码与已经注册的条目代码一致,所有 HPP 中的操作是有可能完成的。如果条目代码不能识别,则不能删除那个条目代码。如果它正确地包括所有参数和条目代码的整个程序,通过按下八次[SP]键输入特别的条目代码可以删除整个程序,这时继续操作 HPP。

联机模式下,当条目代码已经注册运行,选择"YES"可以进入功能选择画面,此时有效的功能在每个水平被限制。选择"NO",可以进入条目代码输入画面,如果操作者输入的条目代码与已经注册的条目代码一致,功能选择画面显示出来,而且所有功能是有效的。

（3）文件寄存器

为了区分文件寄存器,可以为每个存储器进行设置区域编号。每个区域 500 个文件寄存器是可以利用的。在预先装置的存储器容量以外,每个区域 500 步序程序可以运用。允许的安装范围在上面已展示,输入想要的区域编号,按下［GO］键。

（4）运行输入

在 FX1s/FX1n/FX/2n/FX2nc 型 PLC 中,输入 X000 到 X017 可以归于 RUN 终端。当使用一般操作输入 RUN 终端时,放置光标到"USE"位置,进入输入号（0～17）,此时按下［GO］键。当不使用一般操作输入 RUN 终端时,放置光标到"DON'T USE"位置,此时按下［GO］键。

（5）结束参数设置

放置光标到"YES"位置上,按下［GO］键可以结束参数设置和返回到其他模式菜单。放置光标到"NO"位置并按下［GO］键,可以返回到显示默认的设置。

6. 元件变换

在同一类型的元件,转换元件编号,当 END 指令运行所有程序中对应的元件在同一个时间被修改。如果 EEPROM 卡盒使用,在执行元件转换到联机模式之前,设置写入保护开关断开。

以在程序中转换"X000"到"X003"为例,按键操作如下:

［联机或脱机模式下运行 HPP］—［OTHER］—［5］—［X］［0］［0］［0］—［GO］—［X］［0］［0］［3］—［GO］

选择"5. XYM—NO. CONV"或放置光标到"5. XYM—NO. CONV"位置并按下［GO］键,进入转换元件。

7. 互锁开通（联机模式）

开通互锁功能只有在联机模式下有效。辅助继电器（M）、定时器、计数器、数据寄存器、文件寄存器可以设置互锁操作。互锁功能对于程序存储器中的所有以前提到的除掉文件寄存器元件是有效的。

如果程序存储器是 EPROM,则文件寄存器不可以开通互锁。如果程序存储器是 EEPROM,只有在写入保护开关断开后,文件寄存器才可以开通互锁。在进行互锁操作之前,设置 PLC 处于 STOP 状态。按键操作如下:

［在联机模式下运行 HPP］—［OTHER］—［7］—［箭头］—［GO］

选择"LATCH CLEAR"或者放置光标到"LATCH CLEAR"位置并按下［GO］键,通过按光标控制键选择目标元件,此时按下［GO］键,可以开通选择的元件,按下［OTHER］或［CLEAR］键可以返回其他模式菜单。

8. 指令舱（脱机模式）

当 ROM 写入指令舱与 HPP 连接时,程序可以在 HPP 的 RAM 和 FX‐20P‐RWM 附带的存储器卡盒之间传输。HPP 自动识别附带的特殊指令舱,指令舱功能只有在脱机模式下是有效的。当使用 Fxo/Fxos 系列 PLC 时,只有当 PLC 处于 STOP 状态,FX‐20P‐

RWM才能连接(当 PLC 处于 RUN 状态 FX－20P－RWM 不能连接)。当使用 FX1s/FX1n 系列 PLC 时,FX－20P－RWM 是不能连接的。使用 FX－2PIF 时,FX－20P－RWM 可以连接(如果 Fxo/Fxos 系列 PLC 处于 RUN 状态或于 FX1s/FX1n 和 FX－2PIF 系列 PLC 连接,FX－20P－RWM 是连接的)。

HPP 和指令舱之间的传送:

①写入:在 HPP 的 RAM 中,写入内容到 EPROM 或 EEPROM 中,然后加到 FX－20P－RWM 中。

②读出:加于 FX－20P－RWM 的 EPROM 或 EEPROM 中,存入的内容到输入 HPP 的 RAM 中。

③校验:校验存入 HPP 的 RAM 和 EPROM 或 EEPROM 中的内容加到 FX－20P－RWM 中。

按键操作如下:

[脱机模式下运行 HPP]—[OTHER]—[7]—[GO]—[箭头]—[GO]

选择"MODULE"或放置光标到"MODULE"位置并按下[GO]键。按下[OTHER]或[CLEAR]键可以转换到其他模式菜单。

HPP~ROM:如果 EPROM 连通 ROM 写入模块,只有当存入 EPROM 中的内容完全清除,写入才能操作。如果 EEPROM 连通 ROM 写入模块,应该设置写入保护开关断开。当写入结束,信息"COMPLETED"显示出来。

ROM~HPP:读出程序可以更改。按下[RD/WR]或[INS/DEL]键可以更改或添加程序。如果 EPROM 被清除或条目代码不能识别,读出功能是不能完成的。

ERASE CHECK:即使没有任何内容写入到存储器卡盒也要检查。如果存储器卡盒还没有被清除,信息"ERASE EPROR"将显示出来,如果 EEPROM 卡盒已被校验,信息"ROM MISCONNECTED"显示出来,并且检查操作不再进行。

十二、信息清单

1. 错误信息

正在操作 HPP 时,错误信息出现,应采取正确的与下面列表(表 D.5)一致的动作,才能进行后面的操作。

表 D.5　信息清单

信息	原因	动作
COMMS. ERR	PLC 通讯错误	检查 PLC 和电缆
HPPPARA. ERROR	HPP 参数错误	正确的设置参数
WRITE FORBIDDEN	不经意的写入数据到 EPROM 中	改变存储器
WRITE FORBIDDEN	不经意的写入数据到 EEPROM 时 EEPROM 卡盒存储器保护开关是连通的。	设置存储器保护开关在写入数据到 EEPROM 之前断开。

续表

信息	原因	动作
NOT FOUND	没有找到指出的指令	进行下一步操作
ENTRY CODE ERROR	键入的条目代码是不允许尝试的操作	只能尝试操作已经设置的经保护允许的操作。
NOT USABLE	当前状况下选中的功能不能使用	选择可以使用的功能
ERASE ERROR	EEPROM 没被清除	清除数据或安装新的 EPROM
VERIFY ERROR	没发现想要的步序数据	更改想要的内容
STEP OVERFLOW	指出的步序号超出允许的最大步序号	更改步序号
SETTING ERROR	设定值或数据不正确	键入正确的值或数据
PC PARA. ERROR	设定的 PLC 参数不正确	设定正确的 PLC 参数
PC MISMATCH	设定的 PLC 类型和已连通的 PLC 类型不相同	更改设定的 PLC 类型
PC RUNNING	当 PLC 处于 RUN 状态时进行写入操作	设置 PLC 处于 STOP 状态
ROM MISCONNECTED	存储器卡盒没有安装 ROM 写入模块 EEPROM 安装到 ROM 写入模块此时进行检查消除	安装 EPROM 到 ROM 写入模块
NO PROGRAM SPACE	没有多余的存储空间	改换参数安装
PROGRAM OVERFLOW	没有多余的存储空间插入	从程序中删除所有指令,如果程序仍然比可利用的存储空间大,需要修改那个程序
COMMAND ERROR	指令不正确	设置正确的指令
NO MEM. CASSETTE	存储器卡盒没有安装 PLC 里面	安装存储器卡盒
DEVICE ERROR	指出的元件或指示器不正确	输入正确的元件或指示器

2. 检查程序中显示出的错误信息

联机或脱机模式下通过检查程序操作发现错误。在联机模式下,PLC 发现错误。脱机模式下,HPP 发现错误。用星号标记的错误只能在联机模式下发现。

附录 E　常用液压与气压元件图形符号(GB)

表 E.1　基本符号、管路及连接

名称	符号	名称	符号
工作管路		管端连接于油箱底部	
控制管路		密闭式油箱	
连接管路		直接排气	
交叉管路		带连接措施的排气口	
柔性管路		带单向阀的快换接头	
组合元件线		不带单向阀的快换接头	
管口在液面以上的油箱		单通路旋转接头	
管口在液面以下的油箱		三通路旋转接头	

表 E.2　控制机构和控制方法

名称	符号	名称	符号
按钮式人力控制		双作用电磁阀	
手柄式人力控制		比例电磁阀	
踏板式人力控制		加压或泄压控制	
顶杆式机械控制		内部压力控制	
弹簧控制		外部压力控制	
滚轮式机械控制		液压先导控制	
单作用电磁阀		电-液先导控制	

表 E.3　泵、马达和缸

名称	符号	名称	符号
单向定量液压泵		单向变量液压泵	
双向定量液压泵		双向变量液压泵	
单向定量马达		摆动马达	
双向定量马达		单作用弹簧复位缸	详细符号　简化符号
单向变量马达		单作用伸缩缸	
双向变量马达		双作用单活塞杆缸	详细符号　简化符号
定量液压泵-马达		双作用双活塞杆缸	详细符号　简化符号
定量液压泵-马达			

名称	符号	名称	符号
液压源		双向缓冲缸 （可调）	简化符号　　详细符号
压力补偿 变量泵			
单向缓冲缸 （可调）	详细符号　　简化符号 	双作用 伸缩缸	

表 E.4　控制元件

名称	符号	名称	符号
直动式溢 流阀		先导式减 压阀	
先导式溢 流阀		直动式顺 序阀	
先导式比例 电磁溢流阀		先导式顺 序阀	
直动式液 压阀		卸荷阀	
双向溢流阀		溢流减压阀	

名称	符号	名称	符号
不可调节流阀		旁通式调速阀	详细符号　简化符号
可调节流阀	详细符号　　简化符号 	单向阀	详细符号　简化符号
调速阀	详细符号　简化符号 	液控单向阀	弹簧可以省略
温度补偿调速阀	详细符号　简化符号 	液压锁	
带消声器的节流阀		快速排气阀	
二位二通换向阀	 (常闭)	二位五通换向阀	
二位三通换向阀		三位四通换向阀	
二位四通换向阀		三位五通换向阀	

表 E.5　辅助元件

名称	符号	名称	符号
过滤器		蓄能器（一般符号）	
磁芯过滤器		蓄能器（气体隔离式）	
污染指示过滤器		压力计	
冷却器		液面计	
加热器		温度计	
流量计		马达	
压力继电器	详细符号　简化符号	原动机	
压力指示器		行程开关	详细符号　简化符号
分水排水器		空气干燥器	
		油雾器	

名称	符号	名称	符号
空气过滤器	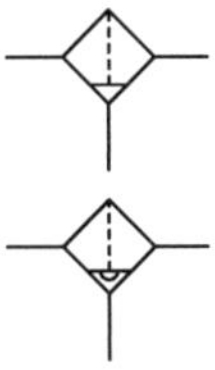	气源调节装置	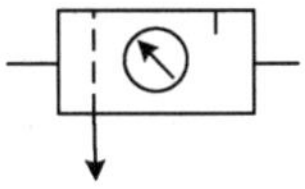
		消声器	
除油器	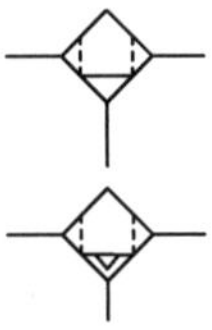	气-液转换器	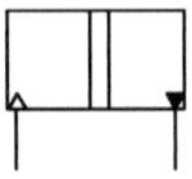
		气压源	

附录 F　实验实训报告示例

一、实验、实训时间

二、实验、实训内容

1. 计算 CB－B10 型齿轮泵的排量与流量。

2. 计算双作用叶片泵的排量。

3. 绘制液压泵性能实验的流量-压力特性曲线及效率特性曲线图。

4. 差动连接回路。

5. 双缸顺序动作回路。

三、实验、实训小结

四、实验、实训成绩